国家职业技能等级认定培训教程

国家基本职业培训包教材资源

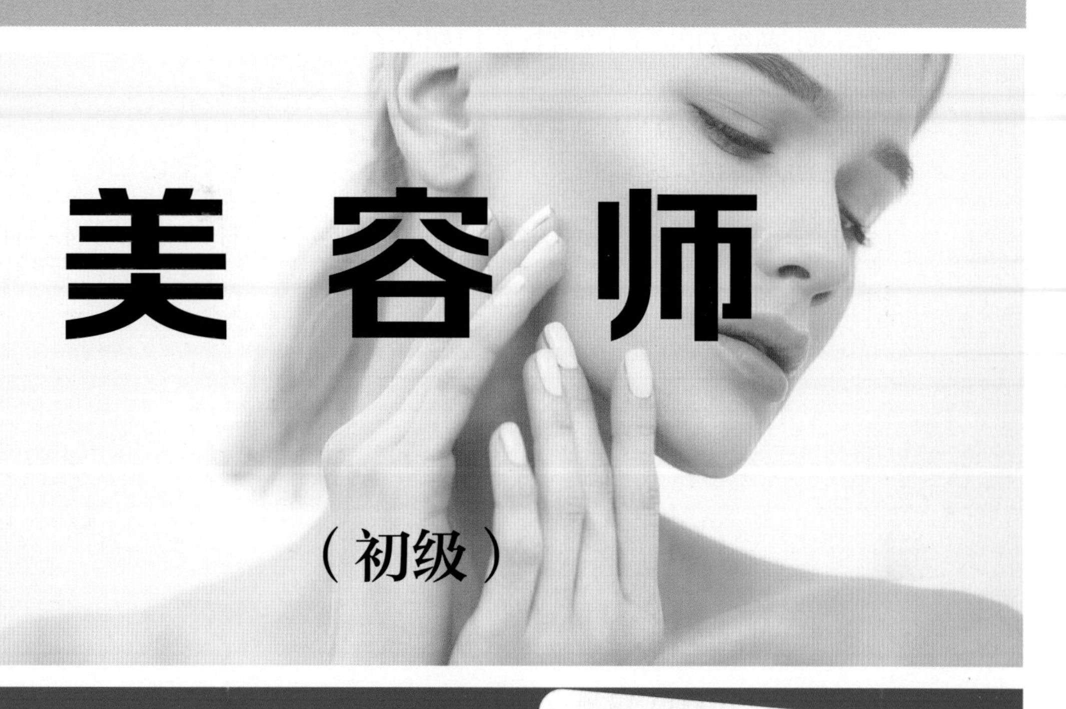

美容师

（初级）

本书编审人员

主　编　董元明　周　典　张文英

副主编　陈　皓　蒋晓梅

编　者　（姓名按编写项目顺序排列）

陈黎艳　周　典　管岑岑　姜云云　尹　俊　陈　皓　司献凤

钱志斌　高朝霞　蒋晓梅　张晓燕

主　审　陈文香

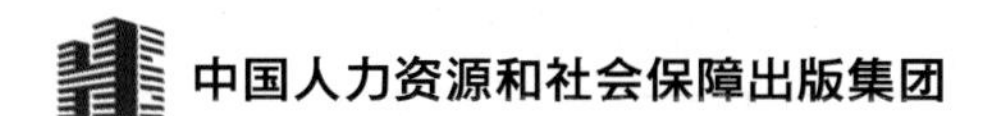
中国人力资源和社会保障出版集团

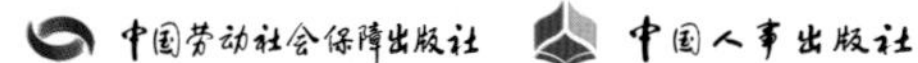
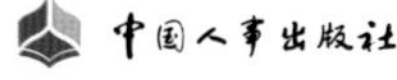
中国劳动社会保障出版社　中国人事出版社

图书在版编目（CIP）数据

美容师：初级 / 中国就业培训技术指导中心组织编写 . -- 北京：中国劳动社会保障出版社：中国人事出版社，2020

国家职业技能等级认定培训教程

ISBN 978-7-5167-4678-3

Ⅰ.①美… Ⅱ.①中… Ⅲ.①美容－职业技能－鉴定－教材 Ⅳ.①TS974.1-44

中国版本图书馆 CIP 数据核字（2020）第 212752 号

中国劳动社会保障出版社
中 国 人 事 出 版 社 **出版发行**

（北京市惠新东街 1 号　邮政编码：100029）

*

北京市艺辉印刷有限公司印刷装订　新华书店经销

787 毫米 ×1092 毫米　16 开本　12 印张　196 千字

2020 年 11 月第 1 版　2025 年 1 月第 9 次印刷

定价：48.00 元

营销中心电话：400-606-6496

出版社网址：http://www.class.com.cn

前　言

为加快建立劳动者终身职业技能培训制度，大力实施职业技能提升行动，全面推行职业技能等级制度，推进技能人才评价制度改革，促进国家基本职业培训包制度与职业技能等级认定制度的有效衔接，进一步规范培训管理，提高培训质量，中国就业培训技术指导中心组织有关专家在《美容师国家职业技能标准（2018 年版）》（以下简称《标准》）制定工作基础上，编写了美容师国家职业技能等级认定培训教程（以下简称等级教程）。

美容师等级教程紧贴《标准》要求编写，内容上突出职业能力优先的编写原则，结构上按照职业功能模块分级别编写。该等级教程共包括《美容师（基础知识）》《美容师（初级）》《美容师（中级）》《美容师（高级）》《美容师（技师 高级技师）》5 本。《美容师（基础知识）》是各级别美容师均需掌握的基础知识，其他各级别教程内容分别包括各级别美容师应掌握的理论知识和操作技能。

本书是美容师等级教程中的一本，是职业技能等级认定推荐教程，也是职业技能等级认定题库开发的重要依据，已纳入国家基本职业培训包教材资源，适用于职业技能等级认定培训和中短期职业技能培训。

本书在编写过程中得到上海美发美容行业协会、上海紫苏文化传媒有限公司等单位，以及蔡克非、范成成、田璐等人的大力支持与协助，在此一并表示衷心感谢。

中国就业培训技术指导中心

目　录 CONTENTS

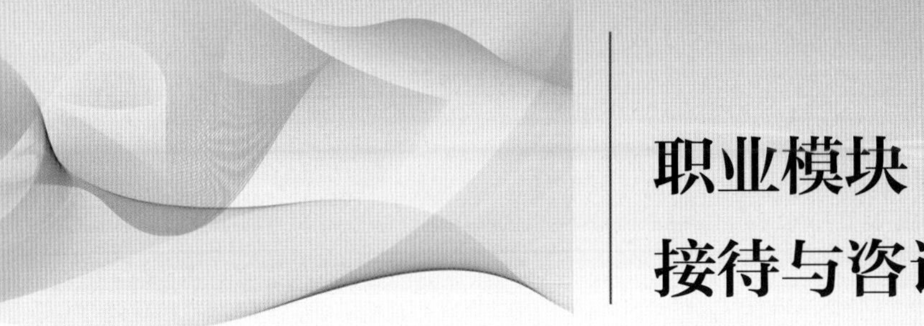

职业模块 1 接待与咨询

内容结构图

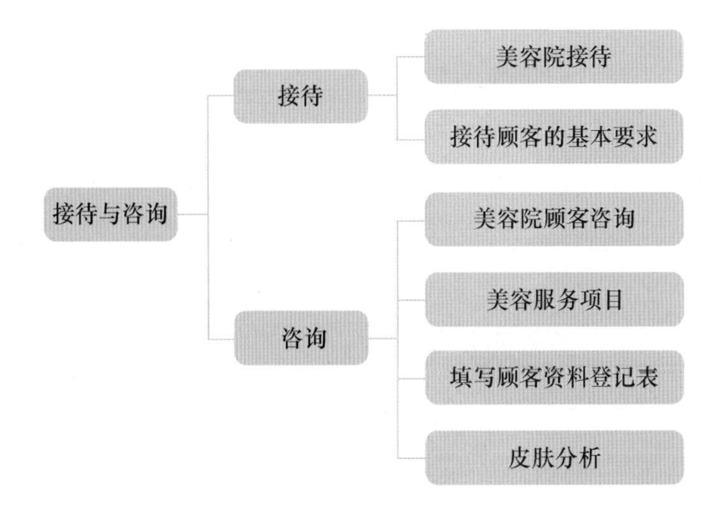

培训项目 1
接待

培训单元 1　美容院接待

了解美容院接待的程序。

一、美容院接待的重要性

美容院想要吸引、留住顾客，取决于三个方面：门店形象、接待服务和技术水平。吸引眼球的门店形象、标准规范的接待服务、专业精湛的技术水平使美容院更能得到顾客的信任。

如今的美容院已不再仅仅是改善皮肤问题的场所，更是全面提供养颜、健康、放松服务的场所。美容院之间的竞争涉及经营理念、服务质量、人员素养等方方面面。在顾客踏入美容院的时候，接待服务就是美容院的“窗口”，直接体现美容院的形象，影响顾客对美容院的印象。前台接待人员的工作质量高低直接关系到美容院经营业绩的好坏。

二、美容院接待的主要职能

前台接待人员（负责接待的美容师）的主要职能包括顾客接待沟通、电话接听、物品存取、顾客登记、档案整理等。

1. 顾客接待沟通

（1）接待新顾客。当顾客第一次来到美容院时，无论是美容院的室内环境、品牌文化还是美容院的项目设置，对顾客来说都是陌生的。美容师给顾客的第一印象尤为重要。美容师应先用温暖而不失礼貌的欢迎语对顾客的到来表示欢迎，再了解顾客的需求点，合理安排相应人员做好服务。

（2）接待老顾客。当老顾客光临时，美容师应亲切问候，快速有效地安排好护理间和美容师，为老顾客提供真挚的服务。美容师应铭记老顾客的个人信息和喜好，结合老顾客的需求合理地推荐项目、制定疗程，展现专业性。

2. 电话接听

良好的电话接听礼仪有利于建立良好的人际关系，有效提升美容院形象。美容师在接听电话时要注意：在三声铃响后优雅地接听电话，亲切地报上自己的姓名，专心倾听，用平缓的语调及时应答，注意表达清晰并认真做好记录。美容师接听电话的场景如图 1–1 所示。

图 1–1　美容师接听电话的场景

3. 物品存取

美容院若有储物柜，美容师应提醒顾客将自己的贵重物品保管好；若无储物柜，美容师应提醒顾客将自己的贵重物品放入护理间内的保险箱或首饰盒中。在顾客离开前，要提醒顾客带走随身物品。

4. 顾客登记

协助顾客完整填写信息、及时更新顾客资料登记表是接待服务的重要环节。美容师协助顾客登记的场景如图 1–2 所示。顾客资料登记表为日后服务顾客提供重要依据。

图 1–2　美容师协助顾客登记的场景

5. 档案整理

每日整理与保存顾客档案、定时更新也是接待服务的重要环节。档案是服务顾客的重要依据。

三、美容院接待的程序

美容院接待是保障服务品质的第一步，直接影响顾客对美容院的第一印象。

美容院接待程序一般包括迎接顾客、介绍服务项目及产品、检测分析顾客皮肤状况、填写顾客资料登记表、引导、征询顾客反馈意见、结算美容消费金额、指导顾客居家护理、送别顾客等环节。在顾客每次护理结束离店后，美容师都要进行电话回访，了解顾客护理后的感受，让其感受到美容院对顾客的重视与关心。

初级美容师在接待顾客方面应重点掌握迎接顾客、介绍服务项目、引导、接听电话等方面的技能，并应能看懂上级美容师制订的皮肤护理方案。

培训单元 2　接待顾客的基本要求

能使用礼貌用语及得体方式迎送顾客。

能引导顾客进入美容护理间。

一、接待前准备

在美容院内，美容师在接待前要做好一系列准备工作，以良好的形象、专业的姿态迎接顾客，尽力给顾客留下良好的第一印象。

1. 形象得体

美容师每日到岗前需做好自身的仪容、仪表检查，确保自身形象得体。

（1）发型。长发者需束发，无刘海遮挡前额；短发者需保持利落干净，尽可能露出前额。发色以黑色、棕色为主，不可漂染成彩色。

（2）着装。身着干净整洁的工作服（若有工牌，则佩戴工牌），穿白色平底鞋，搭配白色或肉色袜子，不可穿凉鞋、拖鞋。

（3）妆容。化淡妆，眼影以大地色系为佳，口红、腮红以裸色系为佳。个人储物柜中备好口红、粉饼等，以便及时补妆。

2. 环境整洁

美容师应注意整理前台工作环境，将顾客档案、宣传品、文具用品，以及接待顾客的茶水、点心准备妥当，并摆放整齐。

3. 熟悉业务

美容师应全面了解美容院所提供的服务项目及其特点、效果、价格等，并熟记在心，以便熟练地为顾客进行详细介绍。

二、迎送和引导

1. 迎送

迎送是接待顾客的重要环节，体现美容师的素质、修养。美容师要用礼貌的语言、微笑的表情、柔和的目光、谦恭的姿态和得体的行为来迎送顾客，给顾客留下美好的印象，尤其要减轻新顾客初次到访的拘束感和生疏感，为顾客接受美容护理服务营造良好的开端。

（1）迎送的语言要求。美容师应使用尊敬的称谓和迎送语，如“您好，欢迎光临！”“感谢您的光临！期待下次再见！”等来迎送顾客，且语气应委婉柔和，语调应轻柔舒缓，给顾客宾至如归的体验。在与顾客交谈的过程中，美容师应以适中的语速和柔美的声音让顾客感受到体贴与关怀。

（2）迎送的神情要求

1）目光。美容师应始终用亲切、友好、和善的目光正视顾客的眼睛，流露欢迎和关切之意；与顾客平视，不俯视或斜视顾客；不左顾右盼、漫不经心，也不刻意盯着顾客的眼睛或身体的某个部位。

2）表情。美容师在迎送顾客时，应适度保持微笑，嘴角微微上扬，既可露出八颗或六颗牙齿，也可笑不露齿，要能传递友善，以利于沟通、消除陌生感和拘束感。美容师不能表情僵硬或流露出不耐烦的神色。

美容师的目光和表情示例如图 1–3 所示。

图 1–3　美容师的目光和表情示例

（3）迎送的姿态要求。迎送时的身体姿态要求主要体现在向顾客行礼和引导顾客的手势上。

1）向顾客行礼。在接到顾客即将到来的通知后，美容师应主动等候顾客，为顾客开门，问候顾客的同时行45°鞠躬礼，双手重叠置于小腹处，面带微笑，欢迎顾客的到来。

2）引导顾客的手势。用“请进”的手势欢迎顾客的到来，注意在运用手势动作时，身体应尽可能放松，避免动作生硬。正确的引导手势见本培训单元的技能要求部分。引导方向时，应以大臂为轴，身体略微前倾。

（4）迎送的行为要求。在迎送顾客时，切勿与他人说笑。送别顾客时，应等顾客离去后再回身处理其他事宜。在迎送多位顾客时，应从容表现出对每一位顾客的关怀，不可冷落任何一位顾客。顾客在休息区等待或休息时，应提前为顾客准备好茶点，根据顾客的需求提供必要的服务。递物品时，应用双手将物品从胸前递出，不可用一只手拿着物品直接将其放在顾客手里，物品尖端不可指向顾客；接物品时，两臂要适当内合，双手自然伸出，五指并拢。

2. 引导

引导是在明确顾客的服务需求以后，将其引领至美容护理间的过程。在引导的过程中，美容师应面带微笑、礼貌周到、亲切热情、举止得体，让顾客感觉舒服。

（1）引导的语言、语气。美容师在引导时应富有亲和力，要使用礼貌用语，并使用征询或肯定的语气，如“请您跟随我来，好吗？”“这边请！”等。

（2）引导的方法。在引导顾客进入美容护理间的过程中会经过美容院的各个功能区，美容师可顺势伸手引导顾客进门、转角、上楼，参观美容院内的各个功能区。顾客提出任何疑问，美容师都应耐心回答，并留意顾客的心理需求，使引导成为增进了解与信任、提供良好服务的一个重要环节。

三、电话接听礼仪

在美容院接听电话时，美容师务必注意塑造自己的“电话形象”。“电话形象”是指人们在使用电话时所留给通话对象及其他在场者的总体印象。“如闻其声，如见其人”表明声音在交流中所起的重要作用。一般来说，“电话形象”是由接听电话时的态度、表情、语言、内容等各个方面组合形成的。一个人的“电话形象”体现其修养，使与之通话者不必会面，即可对其为人处世的风格有大致的了解与判断。良好的“电话形象”是美容师塑造职业素养、业务能力和礼仪修养的重要部分，同时也代表美容院的形象。

1. 接听电话的技巧

美容师传递自己的“声音名片”时，语气要热诚、亲切，吐字要清晰，语速要平缓，语言要准确、简洁、得体，音调要适中，说话的态度要自然而有礼貌。注意切勿心不在焉、不知所谓、摇摆不定，甚至态度恶劣，损害自己和美容院的形象。

2. 接听电话的基本要求

（1）电话响三声时接起，不可显得过于突然，也不可让顾客等候过长时间。

（2）拿起电话，先致问候语（早、中、晚，以及重大节日、顾客生日时有不同的问候语），然后报出美容院的名称和自己的姓名。

（3）充分了解美容院每一位美容师的排班和服务情况，在顾客提出相关问题时能够自如地回答。

（4）对美容院所有产品的性能、价格及服务项目都掌握清楚，做到对答如流。

（5）向顾客说明预约时间、预约美容师和护理间。

（6）清楚地记录顾客的姓名、卡号、预约项目、预约时间及预约美容师。

（7）预约结束后，要向顾客道谢、道别，并等顾客先挂断电话。

（8）为避免顾客失约或迟到，预约前一天最好再次电话联络或短信通知顾客，提醒顾客按时接受服务。

四、顾客沟通技巧

1. 与顾客沟通的基本技巧

美容师掌握正确的沟通技巧有助于与顾客建立良好和谐的关系，为顾客提供高品质的服务。

（1）保持微笑。笑容是打破人与人之间隔阂的有力武器。美容师应对顾客保持微笑，切勿带着情绪工作。

（2）专注聆听。聆听是有效沟通的重要手段，优秀的美容师应专注聆听顾客的需求和异议，做到以下四点：

1）通过聆听发现顾客的需求，记录重点；

2）在顾客表述过程中切勿打断，以眼神交流的方式表示回应；

3）聆听的同时进行思考，必要时，重复确认顾客的需求；

4）适当地对顾客的提问作出合适的回应。

（3）取得信赖。美容师在与顾客沟通时，应用真诚的微笑和温柔的眼神接触来回应顾客，为顾客解决疑问，表明自己是值得信赖的。

2. 解决异议与处理抱怨

美容师在处理顾客的异议与抱怨时，应时刻保持微笑，不抱怨、不争辩、不推卸责任，认真、耐心地倾听，有技巧地处理，站在顾客的角度进行换位思考，与顾客一起找出妥善解决问题的办法。

技能要求

迎送顾客

操作步骤

步骤 1　恭候顾客光临时，美容师应面朝店外，身体与门呈 45°，目光注视店外，不左顾右盼。在站姿上，美容师应站立端正，放松肩关节，肘关节稍向后，收腹、挺胸，两臂自然下垂，右手搭在左手上并轻轻相握置于小腹中部，如图 1–4 所示。

图 1–4　美容师的站姿

步骤 2 顾客距店门 2 m 左右时，美容师即可上前为顾客开门，一般以单臂拉门，同时行 45° 鞠躬礼，并致以问候：“您好，欢迎光临！”

步骤 3 美容师应运用正确的手势引导顾客。正确的引导手势为五指自然并拢伸直，掌心向上，掌面与地面呈 45°，手掌与前臂呈直线，手肘弯曲，如图 1–5 所示。

图 1–5 美容师引导的手势

步骤 4 美容服务结束后，美容师应主动帮助顾客取出寄存的衣物，用双手呈递给顾客，并礼貌地问“您看，是这个吗？还有其他东西吗？”，提示顾客检查衣物。

步骤 5 顾客离店时，美容师应引导顾客至门口，以单臂推门，同时行 45° 鞠躬礼，并致以“欢迎下次光临”等道别的话语，等待顾客离去后再回头处理其他事宜。

引导顾客进入美容护理间

操作步骤

步骤 1 美容师礼貌地对顾客说：“请您跟我来。”

步骤 2 美容师走在顾客的左前方，视线交互落在顾客的脚跟和行进方向之间。

步骤 3 遇到转角或台阶时，美容师目视顾客，并以手势指示方向（手肘微伸，手腕略打开，手心向上，五指自然并拢，注意不要用一根手指指示方向），对顾客说“请往这边走”“请注意台阶”等提示语。

步骤 4 至美容护理间后，如需推门，美容师以单手轻轻推转门把手，顺势进入，换手扶住门，同时做出引导顾客入门的姿势，侧身微笑，对顾客说“请进”等礼貌用语，等顾客进门后，与负责护理操作的美容师进行交接，面向顾客退出，并顺手将门轻轻关上。

思考题

1. 为什么说优质的顾客接待是良好美容服务的开始？
2. 美容师应以怎样的形象接待顾客？
3. 迎送顾客环节对美容师的语言有什么要求？
4. 迎送顾客环节对美容师的神情有什么要求？
5. 迎送顾客环节对美容师的姿态有什么要求？

培训项目 2　咨询

培训单元 1　美容院顾客咨询

了解美容院顾客咨询的内容。

了解美容院顾客咨询的方法与要求。

一、美容院顾客咨询的内容

在美容院中，咨询服务是美容师与顾客建立良好关系的核心途径。咨询后，美容师方可根据每一位顾客的不同需求提供个性化的定制服务。美容院顾客咨询内容如下。

1. 顾客需求

美容师应在咨询中了解顾客的需求，并针对顾客当日的需求，为顾客选择合适的美容服务项目。

2. 美容服务项目的内容

美容师应用简洁明了、通俗易懂的语言，介绍美容服务项目的内容，包括操作方式、产品使用和护理步骤等，说明产品的安全性、适用性，使顾客放心体验护理。

3. 美容服务项目的疗程

美容师应在咨询中介绍美容服务项目的疗程，使顾客明确操作时长。

4. 美容服务项目的效果

美容师应在咨询中客观表述美容服务项目的效果。

5. 美容服务项目的费用

美容师应在咨询中详细说明具体的收费标准及付费方式。

二、美容院顾客咨询的方法与要求

1. 专注聆听

聆听是有效沟通的重要手段，是美容咨询的核心部分。美容师应时刻保持微笑和关注的眼神，注意捕捉并明确顾客的需求，用清晰明了的话语为顾客提供咨询服务，若无法与顾客产生共鸣，则应随时准备好切换话题，改变咨询内容，直到完成整个咨询过程。

2. 态度亲切

在顾客咨询的过程中，美容师在表现专业性的同时，也要注重用亲切的态度来沟通，切勿用傲慢的态度和僵硬的体态面对顾客。美容师应为顾客营造轻松、愉悦的咨询氛围。

3. 表述委婉

在解答顾客的疑问时，美容师的表述要清晰。若顾客有认知上的偏差，美容师不能直接否定，而应用委婉的语言再次举例或打比方进行说明，直至顾客理解为止。

4. 保持自信

在某些情况下，美容师要运用自身的专业知识，有信心地推荐切实符合顾客需求的护理方案，积极引导消费，而不能完全按照顾客的意愿，提供不恰当的护理服务。

5. 制订个性化护理方案

美容师应紧密围绕顾客的当下需求和身体情况，在咨询过程中为顾客合理制订个性化护理方案。

培训单元 2　美容服务项目

了解美容服务项目的分类与内容。

能为顾客介绍美容服务项目。

在常规美容院内，顾客体验到的服务项目基本为生活美容服务项目，即美容师使用专业护肤品和专业美容仪器，运用专业科学的护肤方法、按摩手法等不侵入皮肤的方式，对人体皮肤进行全面护理和保养，使其在形态和功能上保持良好的健康状态。

一、美容服务项目的分类

1. 面部美容服务项目

（1）面部基础护理：清洁护理、保湿护理等。

（2）面部损美性皮肤护理：色斑皮肤护理、痤疮皮肤护理、衰老皮肤护理、敏感皮肤护理等。

（3）面部特殊局部护理：唇部护理、眼周护理、颈部护理等。

2. 身体美容服务项目

（1）全身护理：中式推拿护理、芳香按摩护理、经络按摩护理等。

（2）局部护理：肩颈部护理、手部护理等。

（3）美体塑身护理：减肥护理、塑形护理、美胸护理等。

3. 特色美容服务项目

（1）美睫：修饰睫毛、烫睫毛、接睫毛等。

（2）脱毛：永久性脱毛、暂时性脱毛等。

（3）美甲：基础修甲、甲油涂抹、贴片延长甲等。

二、美容服务项目的内容

1. 正常皮肤的美容服务内容

正常皮肤的美容服务内容包括卸妆、清洁、去角质、按摩、敷面膜、基本保养等，这些护理方法可以维护皮肤的健康状态。

2. 损美性皮肤的美容服务内容

损美性皮肤的美容服务内容是指针对常见的皮肤问题，如色斑、痤疮、衰老、敏感等，利用功效型护肤产品和美容仪器进行专业的皮肤改善护理。

三、美容院服务流程

美容院服务流程为：欢迎顾客到店—为顾客提供茶点—介绍美容院内的服务项目—填写顾客资料登记表—进行专业咨询、检测、分析—制订个性化护理方案—引导顾客进入美容护理间—进行专业护理—确认效果与感受—提供护理后建议和居家保养建议—服务流程结束—预约下次护理时间—欢送顾客离店—隔日进行电话回访。

四、介绍美容服务项目的要求

为顾客介绍美容服务项目是为了让顾客更全面清晰地了解美容院的服务内容，挖掘顾客的潜在需求，帮助顾客找到真正适合自己当下需求的护理项目，获得满意的护理效果。

1. 介绍前的准备

美容师需要熟练掌握美容院内所有服务项目的特色功效、适用皮肤、护理方法、使用产品、价格等，运用专业的话术向顾客介绍和推荐美容服务项目，展现自己的信心和专业度，同时提升顾客的消费信心。如果美容师对美容服务项目不熟悉，顾客会对美容师的专业度和工作态度产生质疑，便很有可能不接受美容院的护理服务。

2. 介绍时的基本要求

美容师应先用礼貌用语如“您好，有什么能帮助您的？”“请问您主要想解决什么样的皮肤问题？”“请问您今天需要什么样的服务？”等间接地了解顾客的关注点和需求，再在专业咨询后为顾客推荐合适的美容服务项目。

在介绍美容服务项目时，美容师要遵循以下基本要求。

（1）用简练、通俗易懂的语言为顾客讲解美容服务项目的作用和原理，使顾客知道美容服务项目是有科学依据的，消除顾客的疑虑。

（2）在咨询时，运用专业知识和方法检测分析顾客当下的皮肤状况，明确服务需求，推荐有针对性的美容服务项目，增强顾客对美容师的信赖。

（3）详细地介绍美容服务项目，不可人为地创造神秘感或含糊其词，要实事求是地向顾客客观说明美容服务项目的功效。

（4）根据顾客皮肤状况，突出重点地进行介绍，介绍时突出专业性和严谨性。针对常见皮肤类型的美容服务项目推荐见表 1–1。

表 1–1　针对常见皮肤类型的美容服务项目推荐

皮肤类型	诉求重点	推荐的美容服务项目
中性皮肤	保湿和预防	清洁、保湿护理
干性皮肤	保湿和滋润	保湿、滋润护理
油性皮肤	清洁和控油	清洁、控油护理
混合性皮肤	综合护理	清洁、控油与保湿相结合的护理
色斑皮肤	祛斑和美白	祛斑、美白、保湿护理
痤疮皮肤	清洁、控油和祛痘	清洁、控油和祛痘护理
衰老皮肤	保湿和抗衰老	保湿、滋养、祛皱、紧肤等护理
敏感皮肤	补水和抗敏	保湿、镇静、抗敏护理

注：不同的美容院对美容服务项目的具体名称有不同的表述。

（5）在顾客最关心的护理功效方面要提醒顾客，对于经年累月所导致的皮肤问题，需要坚持进行长期护理才能达到良好的效果。因此，介绍效果时要说明多长时间见效（如 1 周后、1 个月后等），基本调理到位所需时间（如 1 个月、3 个月、6 个月等），能保持的时间（若做时有效、不做便无效，则不能算是科学的美容方法）。

（6）在介绍美容服务项目时应思路开阔，充分挖掘顾客需求，为顾客设计综合护理项目。例如，若顾客有面部皮肤老化问题，则美容师可以在介绍和推荐抗衰老项目的同时，从顾客的具体年龄、身体状况等方面进行综合分析，适当介绍和推荐相应的身体护理项目等，以舒缓其身体压力、促进其血液循环，从而有助于增强面部皮肤护理效果。

（7）时刻关注顾客的神情，在顾客有兴趣的方面可以适时适度做进一步介绍，否则可即刻切换话题或终止谈话。

（8）介绍美容服务项目时要始终保持热情、耐心、周到，并且做到细致、客观，不能夸大其辞、口若悬河，也不能因为顾客问题多、有疑虑或不接受就冷落顾客。

（9）应适当地向顾客提供居家护理建议，以增强护理的总体效果，使顾客感受到全方位的关心。

（10）介绍时，向顾客说明实际收费标准。

培训单元3　填写顾客资料登记表

了解顾客资料登记表的主要内容。

能填写顾客资料登记表。

一、填写顾客资料登记表的意义

填写顾客资料登记表是美容接待与咨询服务工作中一个非常重要的环节，是开展专业护理的第一步。准确、翔实的顾客资料登记表将为日后的护理服务提供重要依据，同时方便美容院建立顾客资料库这一宝贵的无形资产。因此，精心设计、制作一份内容全面且合理的顾客资料登记表就显得尤为重要。初级美容师应能看懂顾客资料登记表中的信息。

二、顾客资料登记表的主要内容

顾客资料登记表应较全面地反映顾客个人的皮肤状况及相关美容信息，如个人美容经历、皮肤状况、皮肤分析结果、生活与饮食习惯、健康状况、护理方案、效果分析、顾客意见等，以便为美容师选择合适的皮肤护理方案提供准确、详尽的信息。

三、顾客资料登记表范例

顾客资料登记表

编号：　　　　　　　　　　　　　　　　　　建档日期：

基本信息			
姓名：		性别：	出生日期：　　年　　月　　日
联系电话：			婚姻状况：
邮寄地址：			职业：
电子邮箱：			
皮肤状况			
肤色	□白皙　□红润　□偏黄　□偏黑　□苍白　□晦暗　□有光泽		
肤质	□光滑　□一般　□粗糙		
弹性	□紧致　□一般　□松弛　□下垂		
额部	□粉刺　□丘疹　□油脂多　□皱纹　□干燥		
鼻部	□黑头　□白头　□脓疱　□油脂多　□毛孔粗大　□雀斑		
下巴	□黑头　□白头　□丘疹　□脓疱　□痘印		
面颊	□毛孔粗大　□粉刺　□丘疹　□脓疱　□痘印 □红血丝　□色斑		
眼部	□皱纹　□黑眼圈　□松弛　□眼袋　□脂肪粒　□浮肿		
皮肤问题	□痤疮　□色斑　□衰老　□敏感　□过敏　□毛细血管扩张 □日晒伤		
健康状况			
身体症状	□头痛　□头晕　□胸闷　□手脚麻　□手脚凉　□肢体酸痛 □血脂异常　□便秘　□腹胀　□口气重　□慢性腹泻		
女性状况	□月经期紊乱　□月经有块状　□乳房胀痛　□痛经 □肥胖　□潮热　□烦躁 □怀孕期　□哺乳期　□口服避孕药		
药物过敏＿＿＿＿＿＿＿＿＿＿ 手术史＿＿＿＿＿＿＿＿＿＿			
医院确诊的疾病或需要特别说明的健康问题：			

续表

<table>
<tr><td colspan="7">生活与饮食习惯</td></tr>
<tr><td>生活习惯</td><td colspan="6">□每天运动少于半小时　□长期久坐　□经常半夜12点后睡觉
□抽烟　□酗酒　□每天面对计算机4小时以上</td></tr>
<tr><td>饮食习惯</td><td colspan="6">□不吃早餐　□偏食　□常食油腻　□重盐、重糖
□晚餐时间较晚　□喜欢冷饮</td></tr>
<tr><td colspan="7">美容习惯</td></tr>
<tr><td>洁肤品</td><td colspan="6">□卸妆油　□卸妆乳　□洁面乳　□洁面皂　□其他________</td></tr>
<tr><td>日常护肤品</td><td colspan="6">□化妆水　□乳液　□营养霜　□精华素
□眼霜　□防晒霜　□其他________</td></tr>
<tr><td>常用化妆品</td><td colspan="6">□粉底液　□粉饼　□定妆粉　□眼影　□腮红
□睫毛膏　□唇膏　□其他________</td></tr>
<tr><td colspan="7">既往美容护理情况</td></tr>
<tr><td>护理类型
医美手术</td><td colspan="6">□基础皮肤护理　□功效性皮肤护理
□注射填充、埋线、激光美容等（一年内）</td></tr>
<tr><td colspan="7">分析结果</td></tr>
<tr><td>皮肤性质</td><td colspan="6">□中性皮肤　□干性皮肤　□油性皮肤　□混合性皮肤</td></tr>
<tr><td>皮肤问题</td><td colspan="6">□痤疮皮肤　□色斑皮肤　□衰老皮肤　□敏感皮肤</td></tr>
<tr><td colspan="7">护理方案</td></tr>
<tr><td colspan="7">护理原则</td></tr>
<tr><td colspan="7">护理产品</td></tr>
<tr><td colspan="7">护理步骤</td></tr>
<tr><td colspan="7">居家护理建议</td></tr>
<tr><td colspan="7"></td></tr>
<tr><td colspan="7">护理记录</td></tr>
<tr><td>日期</td><td>项目</td><td>护理前
皮肤状况</td><td>主要程序及
产品</td><td>护理后
皮肤状况</td><td>顾客签名</td><td>美容师签名</td></tr>
<tr><td></td><td></td><td></td><td></td><td></td><td></td><td></td></tr>
<tr><td></td><td></td><td></td><td></td><td></td><td></td><td></td></tr>
<tr><td></td><td></td><td></td><td></td><td></td><td></td><td></td></tr>
<tr><td colspan="7">备注</td></tr>
<tr><td colspan="7">（记录顾客的要求、评价、购买产品等相关事项）</td></tr>
</table>

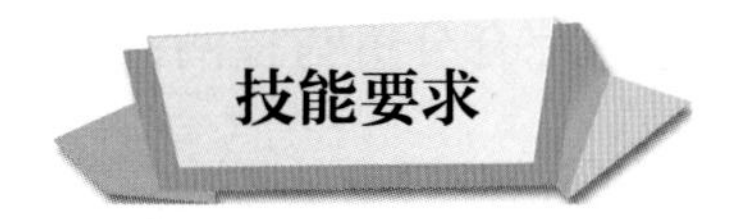

填写顾客资料登记表

操作步骤

步骤 1　请顾客就座，征求顾客的意见，为顾客提供温水、果茶、花茶等饮品，双手将其端至桌面，并使用“请慢用”等礼貌用语。

步骤 2　根据美容院咨询区的具体情况坐于顾客的对面或旁边，根据顾客资料登记表的内容耐心地逐一向顾客进行提问。

步骤 3　详细记录顾客的各项信息。详细记录顾客的电话、电子邮箱等联系方式，方便与顾客联系和进行回访；详细记录顾客初到美容院时的皮肤状况和身体状况，为制订护理方案、选择产品和推荐居家护理方式提供依据；详细记录顾客每次护理前、后的皮肤状况，以利于跟踪护理效果并及时修正护理方案，做到对顾客负责、让顾客放心。

步骤 4　对顾客资料登记表进行编号，并按照美容院的具体规定进行登记表管理。

培训单元 4　皮 肤 分 析

了解皮肤检测方法。

了解皮肤分析的基本程序。

皮肤分析是指美容师通过肉眼观察或借助专业的皮肤检测仪器，对顾客皮肤

的厚度、弹性、湿润度、纹理、皮脂分泌、毛孔大小等进行综合分析与检测，从而对顾客皮肤的类型及存在的问题做出准确的判断。

一、皮肤分析的重要性

准确的皮肤分析是正确制订护理方案和实施护理计划的基础。

美容师通过皮肤分析，可以了解顾客皮肤状况，分析皮肤类型和皮肤问题；可以帮助顾客正确客观地认识自己的皮肤，进而接受护理服务；可以了解护理的成效及进展，体现个性化服务，增强顾客对美容院的信赖及对美容护理的信心。

皮肤分析是判断皮肤类型和皮肤问题的方法和途径。只有通过科学的方法和系统的程序进行皮肤分析，才能得出准确的结论，制订合理的皮肤护理方案。

二、皮肤类型

根据皮肤的水油比例、pH 值等因素，可将皮肤分为中性皮肤、油性皮肤、干性皮肤和混合性皮肤四种类型。

1. 中性皮肤

中性皮肤是一种理想的皮肤，主要特点是皮肤水分、油分适中，皮肤光滑、细嫩、柔软，富有弹性，红润而有光泽，毛孔细小，纹路排列整齐，皮沟呈纵横走向。青春发育期前，人的皮肤大多为中性皮肤；青春发育期后，仍保持中性皮肤的人较少。中性皮肤一般夏季易偏油，冬季易偏干。

2. 油性皮肤

油性皮肤多出现于青春期，主要特点是油脂分泌旺盛，表现为额头、鼻翼有油光，毛孔粗大，鼻部有黑头，皮质厚、硬且不光滑，肤色暗黄，弹性较佳，不易衰老。油性皮肤吸收紫外线后容易变黑，易脱妆，易产生粉刺。

3. 干性皮肤

干性皮肤多出现在皮肤衰老过程中，主要特点是皮肤水分、油分均不足，皮肤干燥，缺乏弹性，毛孔细小，脸部皮肤较薄，没有光泽，易脱皮，易长斑和皱纹，不易上妆，但外观比较干净。干性皮肤的皮丘平坦，皮沟呈直线走向，且浅、乱而广。

干性皮肤又分为缺水性和缺油性两种。干性缺水性皮肤多见于 35 岁以上的青年人、中年人及老年人，这与汗腺功能减退、皮肤营养不良、缺乏维生素 A、饮水量不足、风吹、日晒等因素有关；干性缺油性皮肤多见于 35 岁以下的年轻人，这与皮脂分泌量少，不能滋润皮肤，或护肤方法不当，常用碱性强的洁面产品洗脸，导致皮肤缺油等有关。

4. 混合性皮肤

混合性皮肤兼有油性皮肤和干性皮肤的特点，一般面部T区，即前额、鼻、口周、下巴等部位呈油性状态，眼部及脸颊呈干性状态，多见于25 ~ 35岁青年。

三、皮肤检测方法

正确认识和判断皮肤类型是进行皮肤护理和保养的前提，常用的皮肤检测方法有目测法、纸巾拭擦法和仪器检测法。

1. 目测法

目测法是最直观、最基本、最常用的皮肤检测方法，是指通过观察皮肤的颜色、毛孔的大小、纹理的状态、湿润性、弹性、光泽度，以及常见的皮肤问题（如痤疮、敏感等）等情况，结合不同类型皮肤的特点，做出正确的判断。

2. 纸巾拭擦法

纸巾拭擦法是指晚上清洁面部后，不涂任何护肤品，在晨起盥洗前将纸巾轻按于前额、鼻翼两侧及两颊（勿用力）1 ~ 2分钟后取下，通过观察纸巾上的油点状态来判断皮肤类型。纸巾可选择柔软的薄纸巾，将其剪成5片1 cm×5 cm大小的纸片，分别贴于前额、鼻翼两侧及两颊。若纸巾上每平方厘米的油点少于2点，并且油点不融合，则皮肤类型为干性皮肤；若纸巾上每平方厘米的油点多于5点，并且油点相互融合呈透明状，则皮肤类型为油性皮肤；若纸巾呈微透明状，介于前两者之间，则皮肤类型为中性皮肤。

纸巾拭擦法适合顾客在家进行自我测试，也可作为美容院皮肤检测的参考。

3. 仪器检测法

（1）美容放大镜检测法。洗净顾客面部，待其皮肤紧绷感消失后，用美容放大镜仔细观察顾客的皮肤纹理及毛孔状况。操作时，用棉片遮盖顾客双眼，防止美容放大镜造成的折射光损伤顾客眼睛。若皮肤纹理不粗也不细，毛孔细小，则皮肤类型为中性皮肤；若皮肤纹理较粗，毛孔较大，则皮肤类型为油性皮肤；若皮肤纹理细致，毛孔细小，常见细小皮屑，则皮肤类型为干性皮肤。

（2）美容透视灯检测法。美容透视灯内装有紫外线灯管，紫外线对皮肤有较强的穿透力，可以帮助美容师了解皮肤表面和深层的组织情况。使用美容透视灯之前，应先清洗顾客面部皮肤，并用湿棉片遮住顾客双眼，以防紫外线刺伤顾客眼睛，注意待顾客皮肤紧绷感消失后再进行检测。

不同类型的皮肤在美容透视灯下呈现不同的颜色：健康的中性皮肤呈青白色；油性皮肤呈青黄色；干性皮肤呈青紫色；超干性皮肤呈深紫色；粉刺皮脂部位呈橙黄色，粉刺化脓部位呈淡黄色；色素沉着部位呈褐色、暗褐色；敏感皮肤呈紫色；面部老化角质呈白色；灰尘或化妆品残留呈亮点。

（3）美容光纤显微检测仪检测法。美容光纤显微检测仪通过检测探头收集面部皮肤各方面的信息，进行综合分析、判断，得出准确结论。此方法简便、准确，被广泛应用。

相关链接

顾客自测方法

这里介绍一种简便的顾客自测皮肤性质的方法。用洗面奶彻底清洁面部后，用毛巾将水擦干，不用任何护肤品，静静感受皮肤状态，计算皮肤紧绷感消失所花的时间：若紧绷感在洗脸后30分钟左右消失，则皮肤类型为中性皮肤；若紧绷感在洗脸后20分钟之内消失，则皮肤类型为油性皮肤；若紧绷感在洗脸后40分钟左右消失，则皮肤类型为干性皮肤。

四、皮肤分析的基本程序

在顾客进行第一次护理之前，一定要进行皮肤检测与分析。由于季节、饮食、身体状况等变化因素，皮肤的状况会发生变化，因此可以分阶段进行简单的皮肤检测与分析。

1. 询问

按顾客资料登记表的内容，以询问的方式让顾客进行相关介绍，并做基本的资料记录，为准确分析皮肤提供信息参考。

2. 肉眼观察和触摸检查

对于未化妆的顾客，可用肉眼观察法直观判断皮肤的大致情况；可用拇指和食指在局部做推、捏、按摩动作，仔细观察皮肤毛孔、弹性及组织情况；可用手指触摸皮肤，感觉其光滑程度。对于化妆的顾客，一定要先为其卸妆，彻底清洁顾客面部皮肤后再进行皮肤分析。

3. 借助专业仪器检测

用美容放大镜、美容透视灯等检测顾客皮肤，更加准确地判断顾客皮肤状况。

4. 分析结果，制订护理方案

将分析结果记录在顾客资料登记表上，按分析结果制订合理的护理方案，并将分析结果与护理方案（包括家庭护理方案），以及可能达到的效果和注意事项告知顾客，增强其信心。

五、皮肤分析的注意事项

首先，无论顾客的皮肤是否受环境、季节、气候或健康状况因素的影响，进行皮肤分析都以顾客当时的皮肤状态为准。

其次，护理的目的是解决顾客当时最需要解决的皮肤问题，因此在判断顾客皮肤类型时，若遇到不容易判断或兼而有之的情况，应根据当时最突出和最需要解决的问题来选择护理方案。

最后，对于超出美容范畴的皮肤病，美容师不要擅自诊断，以免误诊，应建议顾客及时就医治疗。

对于开始学习皮肤分析的美容师来说，掌握皮肤分析的难度可能较大，但只要在长期实践中不断地学习和总结，经验会越来越丰富。

思考题

1. 美容院常见的美容服务项目有哪些？
2. 如何介绍美容服务项目？
3. 顾客资料登记表包含哪些主要内容？
4. 如何填写顾客资料登记表？

职业模块 2 护理美容

内容结构图

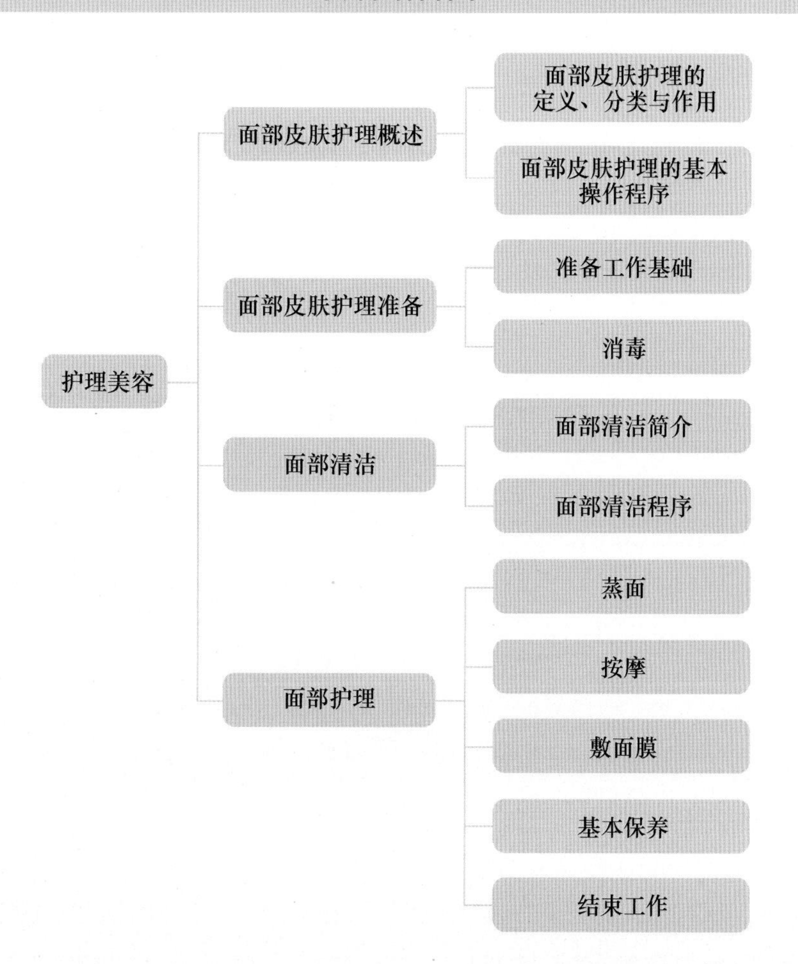

培训项目 1 面部皮肤护理概述

培训单元 1 面部皮肤护理的定义、分类与作用

了解面部皮肤护理的定义。

了解面部皮肤护理的分类。

了解面部皮肤护理的作用。

一、面部皮肤护理的定义

面部皮肤护理是指在科学美容理论的指导下，运用科学的方法、专业的美容技艺，使用美容仪器及美容护肤品来维护和改善人体面部皮肤，使其在结构、形态和功能上保持良好的健康状态，延缓其衰老进程。

二、面部皮肤护理的分类

面部皮肤护理可分为预防性皮肤护理和改善性皮肤护理。

1. 预防性皮肤护理

预防性皮肤护理是指利用清洁、按摩、美容仪器护理等方法来维护皮肤的健康状态。针对非问题性皮肤采用的皮肤护理都可称为预防性皮肤护理。

预防性皮肤护理是根据顾客当下皮肤的状态进行的，包括补水护理、深层清洁护理、美白护理、抗衰老护理等。其中，补水护理是适合所有皮肤类型的护理项目。

2. 改善性皮肤护理

改善性皮肤护理是指针对一些常见皮肤问题，如色斑、痤疮、衰老、敏感等，利用相关的美容仪器、疗效性护肤品对皮肤进行特殊的干预性保养和处理，达到改善皮肤状况的目的。改善性皮肤护理方案需要根据顾客皮肤问题制订，内容包括护理方法、护理周期、注意事项、居家配合等。

三、面部皮肤护理的作用

在全身皮肤中，面部皮肤因长期暴露在外而易受到损害，容易出现敏感、晒伤、痤疮、老化等皮肤问题。正确的面部皮肤护理有助于预防及改善面部皮肤水油不平衡，保持毛孔通畅，淡化色素，减少皱纹，加速皮肤新陈代谢，从而延缓面部皮肤衰老，改善面部皮肤问题，保持面部皮肤的健康状态。

具体而言，面部皮肤护理可起到以下五个作用。

1. 清洁作用

定期到美容院做适当的面部深层清洁护理能有效地清除皮肤深层污垢与老化角质，有助于保持毛孔通畅，减少粉刺、痤疮的形成。对于无痤疮的皮肤，可使用深层清洁产品（如去角质霜、深层清洁面膜等）进行深层清洁；对于有痤疮的皮肤，可使用清洁型美容工具（如针清用具等）、仪器（如负压吸附清洁仪等）进行深层清洁，也可将产品和工具、仪器结合使用。

2. 预防作用

正确的面部皮肤护理有助于预防问题性皮肤形成，延缓皮肤老化，从而保持皮肤健康、年轻。补水保湿护理是最常用的起预防作用的护理项目，大部分面部皮肤问题，如敏感、瘙痒、老化、缺乏弹性、晒伤等，都与面部皮肤缺水有关。

3. 改善作用

正确的面部皮肤护理有助于改善皮肤晦暗、粗糙、色素沉着等不良状况，从而保持皮肤健康、美丽。这种改善需要顾客坚持定期护理才能达到，并不存在效果立竿见影的护理。

4. 减压作用

在面部皮肤护理过程中，正确的按摩手法、舒适的环境、轻松的音乐等，都有助于顾客放松神经、肌肉，舒缓压力。

5. 心理调节作用

经过面部皮肤护理后，顾客的不良皮肤状况得以改善，从而能增强顾客的自信心。

培训单元 2　面部皮肤护理的基本操作程序

熟悉面部皮肤护理的基本操作程序。

面部皮肤护理操作程序的每个环节都有其目的及效果。面部皮肤护理的操作程序应根据各种不同的护理目的而设定，各环节之间相辅相成，并不是一成不变的，可根据不同的顾客皮肤状况及护理目的进行合理调整。

面部皮肤护理的基本操作程序如图 2–1 所示。在基本操作程序中，需要注意以下几点。

- 观察皮肤并非必要操作环节，只有特定类型的皮肤才需要在面部清洁后借助仪器进行观察。
- 去角质虽属于面部清洁（深层清洁）方式，但并非每次护理都要进行，如要进行，一般在蒸面之后、按摩之前进行。
- 仪器护理是指借助不同种类的美容仪器，如超声波类美容仪器、E 光类美容仪器（E 光指脉冲光结合射频能）、水氧类美容仪器等进行护理，其可根据护理目的、护理种类调节顺序，在某些基本面部皮肤护理项目中，也可以不进行仪器护理。仪器护理相关内容将在《美容师（中级）》教程中做介绍。

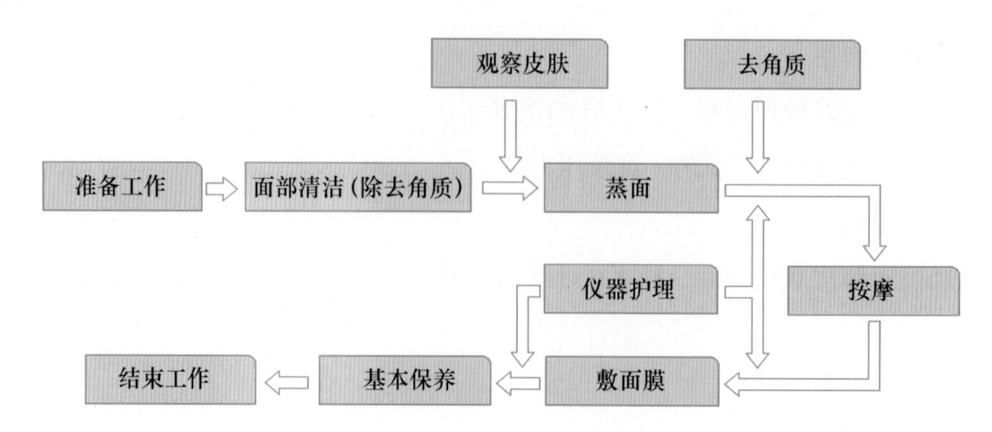

图 2-1　面部皮肤护理的基本操作程序

思考题

1. 面部皮肤护理的定义是什么？
2. 面部皮肤护理有哪些作用？
3. 面部皮肤护理的基本操作程序是什么？

培训项目 2　面部皮肤护理准备

培训单元 1　准备工作基础

掌握面部皮肤护理准备工作的基本程序和要求。

能按面部皮肤护理方案准备仪器和用品、用具。

一、准备工作的目的

为保证面部皮肤护理工作能够有条不紊地顺利进行，美容师应做好护理前的准备工作。

美容师干净利落的仪容、仪表，卫生整洁、温馨舒适的环境，一应俱全的用品、用具等，能为顾客带来安全感、舒适感及信任感。做好护理前的准备工作能在护理过程中最大限度地减少“非护理时间”（如美容师离开顾客取用物品的时间），保证护理的流畅性和完整性。

二、准备工作的基本程序和要求

准备工作的基本程序包括：仪容、仪表检查，护理间准备，仪器准备，用品、用具准备，消毒，顾客准备。消毒相关内容见本培训项目的培训单元 2，其他各环节的基本要求如下。

1. 仪容、仪表检查

美容师除在发型、着装和妆容方面要符合基本要求外，在护理前，还要佩戴好口罩，并检查手部。手部不可佩戴手表、手链等，指甲应修剪干净，不做美甲。美容师应定期去除手部角质，防止手部毛糙，避免在接触顾客皮肤时给顾客带来不适感。

2. 护理间准备

（1）清理护理间，保持护理间整洁，确保护理间内无上一位顾客的遗留物品。

（2）调整护理间的温度，使室温适宜，并打开轻音乐，营造舒适、轻松的氛围。

（3）床单、枕头、毛巾等铺放整齐。

3. 仪器准备

（1）根据护理方案选择仪器，操作过程中不会使用到的仪器不要摆放在护理间内。

（2）检查仪器，确保其能正常运行。

（3）对仪器及其附件进行消毒，具体内容见本培训项目的培训单元 2。

4. 用品、用具准备

（1）根据护理方案选择用品、用具。

（2）对双手进行消毒，再对用品、用具进行消毒，具体内容见本培训项目的培训单元 2。

（3）取出规定客次用量的护肤品，将用品、用具摆放整齐。

特别提示

护肤品取用

目前，美容院的护肤品主要有两种形式，一种是大瓶院装护肤品，另一种是品牌套盒护肤品。对于大瓶院装护肤品，美容师在用品准备时应根据不同产品的规定客次用量，将护肤品适量取出，放入已清洁消毒的小碗中备用，如图 2-2 所示。这样可以避免美容师在护理操作过程中频繁开、关护肤品盒盖，或按压按压泵等，节省护理时间，保证护理过程的连贯性，同时避免美容师频繁清洁消毒双手，也避免造成护肤品污染。对于品牌套盒护肤品，品牌厂家在生产时已将其按客次用量分装为一支支独立包装的产品，使用时直接单支取用即可，如图 2-3 所示。

图 2-2　取用大瓶院装护肤品

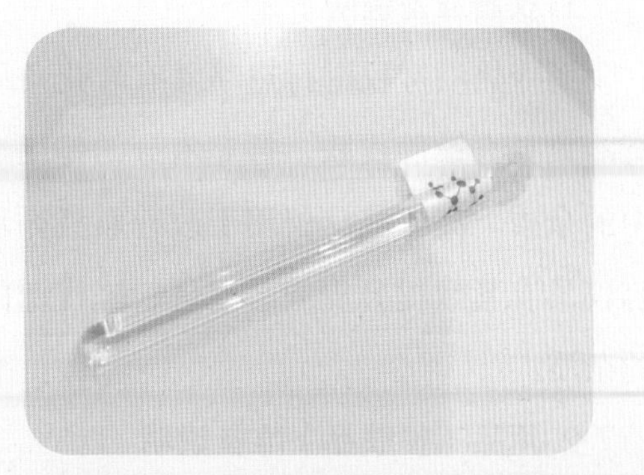
图 2-3　品牌套盒护肤品单支取用

5. 顾客准备

（1）准备好顾客所需衣物、拖鞋、置物篮、首饰盒、纸巾等。

（2）迎接顾客进入护理间，请顾客更衣。

（3）辅助顾客仰卧好，做好正式护理前的最后准备。

三、不同护理方案下的仪器和用品、用具准备

护理方案不同，所需准备的仪器和用品、用具也不同，见表 2-1。

表 2-1　仪器和用品、用具准备

护理方案	仪器准备	用品（护肤品）准备	用具准备
保湿护理方案	冷热喷雾仪（热喷）	卸妆乳、洁面乳、去角质霜、保湿按摩凝露 / 精华、保湿面膜、保湿化妆水、保湿乳液、防晒 / 隔离霜	包头毛巾、消毒棉球、湿棉片、干棉片、棉签、一次性毛巾、调勺等
美白护理方案	阴阳电离子仪、冷热喷雾仪（热喷）	卸妆乳、洁面乳、去角质霜、美白按摩凝露 / 精华、美白面膜、美白化妆水、美白乳液 / 霜、防晒 / 隔离霜	
控油护理方案	高频电疗仪、冷热喷雾仪（热喷）	卸妆乳、洁面乳、磨砂膏、按摩凝露 / 精华、控油保湿面膜、控油保湿化妆水、控油保湿乳液、防晒 / 隔离霜	
营养、抗衰老护理方案	阴阳电离子仪、超声波美容仪	卸妆乳、洁面乳、去角质霜、营养精华、营养保湿面膜、营养保湿化妆水、营养保湿霜、防晒 / 隔离霜	
抗敏护理方案	冷热喷雾仪（冷喷）	洁面乳、保湿按摩凝露、抗敏保湿面膜、抗敏保湿化妆水、抗敏保湿乳液、防晒 / 隔离霜	

1. 仪器准备说明

用冷热喷雾仪进行热喷具有软化角质细胞、打开毛孔、消炎杀菌的作用，进行冷喷具有镇静皮肤、补充水分的作用。阴阳电离子仪用于导入精华、导出毛孔中的杂质。高频电疗仪用于改善血液循环、杀菌消炎和调节皮脂分泌。超声波美容仪具有紧致提升皮肤、促进新陈代谢的作用，同时也能导入精华、导出毛孔中的杂质。

2. 用品（护肤品）准备说明

（1）卸妆乳。卸妆产品根据产品形态分为卸妆水、卸妆油、卸妆乳等。在美容院实际应用中，一般不选用卸妆水、卸妆油。卸妆水易流动，操作不便。卸妆油需要较多的水进行乳化，乳化后也易流动，操作不便。因此，美容院多使用卸妆乳。

（2）按摩凝露 / 精华。如今的美容院大多采用质地更水润清爽的按摩凝露 / 精华，而非按摩油或按摩霜。按摩油或按摩霜含有较多油分，其会在皮肤表面形成一层薄膜，从而阻碍后续护理环节中营养物质的吸收。相较而言，按摩凝露 / 精华既可以起到按摩介质的作用，又能适当补水，同时还不影响后续营养物质的吸收。但初级美容师在练习按摩手法时一般使用按摩油或按摩霜，因其有更好的延展性，并且适合用于进行较长时间的按摩。

营养、抗衰老护理一般没有按摩环节，而是采用仪器导入精华的方式进行护理，因此可以不准备按摩产品，但若需要，也可以进行按摩。抗敏护理的按摩环节不适合选用保湿按摩精华，因为精华在按摩过程中会更易摩擦起热而可能引起敏感皮肤发生反应，相较而言，凝露不易在按摩过程中产生热量，更适合敏感皮肤。

（3）防晒 / 隔离霜。是否使用防晒 / 隔离霜需要根据顾客是否有需求决定。若顾客晚上来美容院进行面部皮肤护理，则不需使用防晒 / 隔离霜。

3. 用具准备说明

卸眼妆、唇妆时一般使用干棉片，否则会造成卸妆产品提前乳化，降低卸妆效果。湿棉片一般在涂高浓度爽肤水时使用，以起到稀释的作用。

培训单元 2　消　毒

掌握面部皮肤护理前的消毒要求。

能完成面部皮肤护理前的消毒工作。

严格的卫生消毒工作能确保美容护理操作卫生安全，避免顾客交叉感染，同时给顾客留下严谨、认真的专业印象，增加其信任感。

需要注意的是，不仅在护理前要做好消毒工作，在顾客护理完毕后也要立即对已使用的仪器和用品、用具等进行清洁消毒。

一、床单、被单、毛巾、美容服等消毒

对于与顾客皮肤直接接触的床单、被单、毛巾、美容服等，应严格进行清洁，并将其储存于消毒柜中，做到“一客一用”。

二、用品、用具消毒

要对护理时所使用的用品、用具进行认真而严格的消毒。对于玻璃制品、金属用具，可使用 75% 酒精或高温消毒方式进行消毒，并将其储存于消毒盒或消毒柜中。同时，要用 75% 酒精对护肤品的容器外表面，尤其是旋盖、按压泵等手会接触的部位进行消毒。此外，对于已使用过的器皿，需再次清洁消毒后方可放回消毒盒或消毒柜中。

三、仪器及其附件等消毒

对于与皮肤直接接触的美容仪器及其附件等，应严格进行消毒，要做到每次使用前都使用 75% 酒精或紫外线进行消毒。

四、美容师双手消毒

对每一位顾客进行皮肤护理前，美容师都必须认真洗手并用免洗酒精消毒液进行消毒，如图 2–4 所示。

图 2–4　消毒双手

面部皮肤护理准备工作

操作步骤

步骤 1　按要求检查自身仪容、仪表，戴好口罩。

步骤 2　在顾客到来前，将护理间的温度调节至人体适宜温度（26 ℃左右），播放轻音乐，保持空气流通、无异味；铺好美容床，准备好已消毒的毛巾，包括两条大毛巾和三条小毛巾，一条大毛巾铺盖在美容床上，如图 2–5 所示，另一条大毛巾对折放置在美容床尾部用于顾客身体遮盖，两条小毛巾平铺于美容枕中央，另一条小毛巾放置于床头备用。

图 2–5　铺床准备

步骤 3　检查通电情况是否良好，美容仪器、设备是否能正常运行，并进行必要的调试；

对仪器、设备及其配件、附属品进行消毒、就位。

步骤 4 按“内外夹弓大立腕”的七字口诀，分七步清洁、消毒双手。

（1）“内”：掌心相对，手指并拢，相互摩擦，如图 2–6a 所示。

（2）“外”：手心对手背，沿指缝相互摩擦，交换进行，如图 2–6b 所示。

（3）“夹”：掌心相对，双手交叉沿指缝相互摩擦，如图 2–6c 所示。

（4）“弓”：双手互扣，互相揉搓，交换进行，如图 2–6d 所示。

（5）“大”：一手握另一手大拇指旋转搓擦，交换进行，如图 2–6e 所示。

（6）“立”：将五指尖收拢，放在另一手掌心上进行旋转揉搓，交换进行，如图 2–6f 所示。

（7）“腕”：一只手握住另一只手的手腕部分旋转揉搓，交换进行，如图 2–6g 所示。

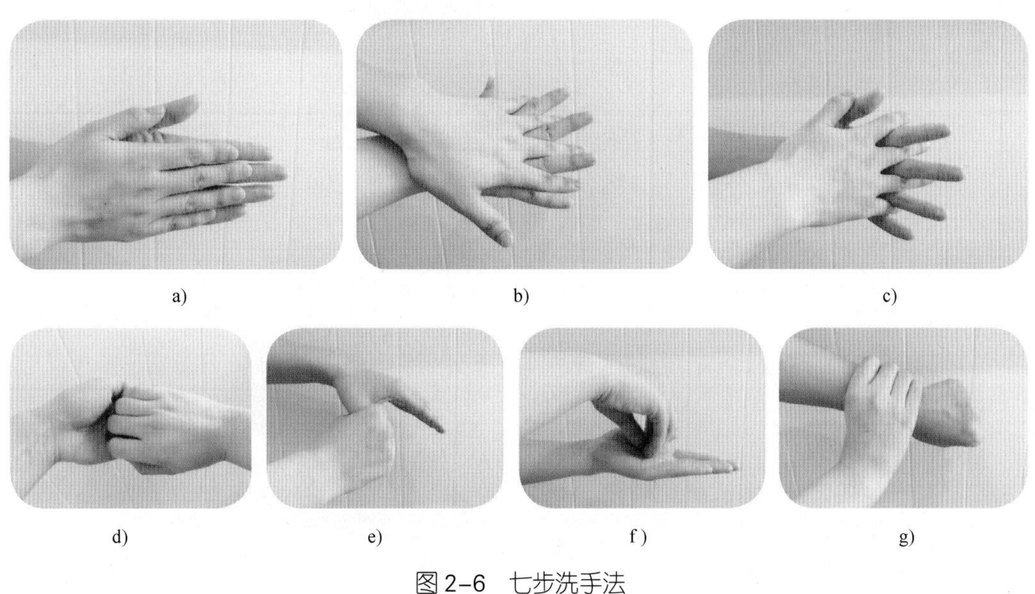

a)　　b)　　c)

d)　　e)　　f)　　g)

图 2–6 七步洗手法

a)“内” b)“外” c)“夹” d)“弓” e)“大” f)“立” g)“腕”

步骤 5 对面部皮肤护理所需用品、用具进行消毒，按规定客次用量取用护肤品，并将其整齐摆放于工作台或手推车上；用面盆盛好洁面用的水，并摆放好。

（1）对工作台或手推车上所摆放的用品、用具进行消毒，用品、用具可存放在消毒过的托盘上（或指定消毒区域中），使用过的用具不可再放置在托盘内。每次护理完毕后，应为下位顾客重新消毒和摆放用品、用具。

（2）整齐摆放免洗酒精消毒液、酒精棉片、镊子、棉签、棉片、调勺、面膜碗、面膜刷、纸巾、一次性洁面巾等。

（3）可按照面部皮肤护理流程从左至右依次摆放护肤品，即按卸妆产品→洁面产品→爽肤水→去角质产品→按摩产品→面膜→润肤乳 / 霜→防晒产品的顺序进行摆放。在实际操作中，多将护肤品按客次用量取出放入小碗中，以方便使用。

（4）工作台或手推车第一层可摆放面部皮肤护理需要使用的用品、用具，如图 2–7 所示；第二层可摆放洁面水盆等，如图 2–8 所示；第三层可摆放垃圾桶，如图 2–9 所示。

图 2–7　第一层摆放

图 2–8　第二层摆放

图 2–9　第三层摆放

步骤 6　准备顾客所需使用的美容服、拖鞋、置物篮等。为避免在使用电疗仪器进行护肤时发生意外，应提前告知顾客将身上佩戴的饰物如戒指、项链、手链等取下放入首饰盒，与衣物一起放进储物柜锁好。

步骤 7　以亲切温柔的笑容迎接顾客进入护理间，请顾客更换衣物。此时，美容师应暂时离开护理间，留给顾客私人空间，离开时应告知顾客约两分钟后回来。美容师返回时，应先轻轻敲门，得知顾客准备好后方能进入护理间。

步骤 8　辅助顾客仰卧于美容床上，为其盖上毛巾（或美容被）。同时，在顾客颈部铺一条毛巾，覆盖住顾客的衣服，将顾客的衣服保护好，以便于操作，如图 2–10 所示。在顾客膝盖下方垫上脚枕，并询问顾客房间温度及体感是否舒适。

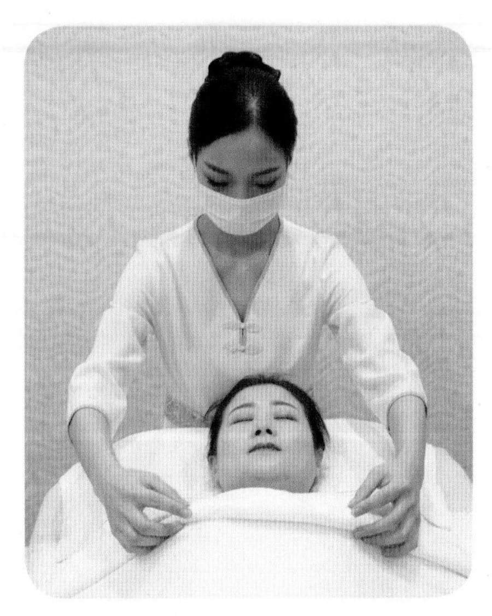

图 2–10 盖美容被或毛巾

步骤 9 将枕头最上面的一条小毛巾从一侧沿着顾客发际线进行半边覆盖，另一侧用相同的方式进行另外半边覆盖，将额头发际线区域的毛巾由下层毛巾往上层毛巾方向进行向外翻折，梳理顾客头顶区域的头发，并将其弯折于毛巾内，完成包头，如图 2–11 所示。

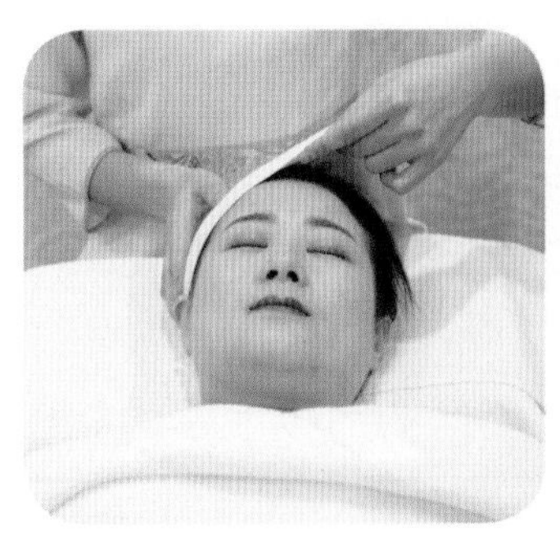
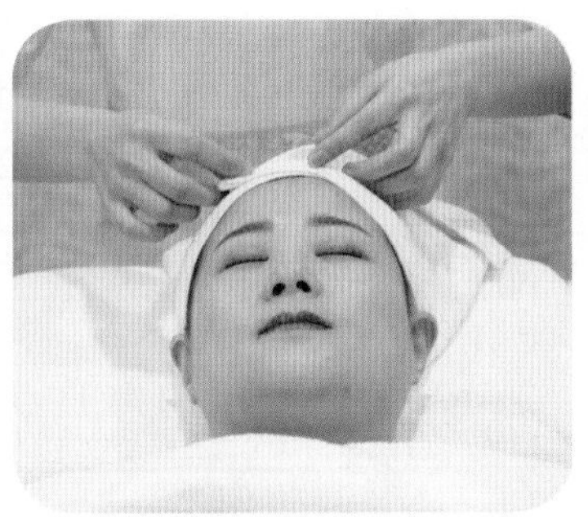
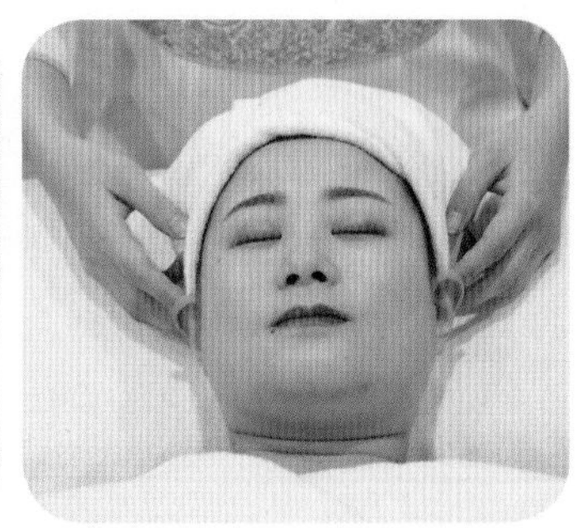

图 2–11 包头

步骤 10 完成上述步骤后，美容师应再次清洁、消毒双手，进入正式护理程序。

注意事项

1. 包头时松紧要适宜，不可在顾客额头发际线处留下勒痕。

2. 也可使用一次性头罩、宽边发带等进行包头。

思考题

1. 准备工作的目的是什么？
2. 准备工作包括哪些环节？
3. 消毒工作包括哪些内容？
4. 为什么要进行消毒？

培训项目 3　面部清洁

培训单元 1　面部清洁简介

了解面部清洁的作用与重要性。

了解面部清洁产品的分类。

掌握面部清洁产品的选择。

一、面部清洁的作用与重要性

人体的皮肤通过皮脂腺、汗腺不断分泌皮脂与汗液。通过皮肤的新陈代谢，皮肤角质也跟着不断更新。人体的面部皮肤因长年暴露在空气中，表面极易黏附空气中的微生物、灰尘、污垢及各种刺激物，同时皮肤表层为凹凸不平的皮丘结构，皮沟中很容易堆积污垢及皮肤排泄物，若不及时进行面部清洁，则会引起毛囊堵塞、汗腺口闭塞等现象，直接影响皮肤的正常生理功能，使皮肤晦暗、无光泽，甚至造成皮肤感染。因此，正确地对面部皮肤进行清洁至关重要。

正确进行面部清洁可加速面部皮肤血液循环，使皮肤表面污垢及过剩的油脂得以清除干净，残留的化妆品与老化角质细胞得以去除，并使毛孔通畅，皮肤白皙柔软、色泽均匀，从而防止皮肤问题产生。面部清洁是面部皮肤护理中非常关键的一步，也是正式面部皮肤护理的第一步。

二、面部清洁的类别

从解剖学角度来看，面部皮肤由外向内的结构主要为表皮层、真皮层和皮下组织三层，皮肤附属器则包含皮脂腺、汗腺、毛发等，具体内容参见《美容师（基础知识）》的相关内容。皮肤分泌物从皮肤里层向皮肤表层分泌排出，由此给皮肤留下很多“垃圾”。

皮肤上的“垃圾”可分为三层：第一层是覆盖在皮肤表层的灰尘与皮肤分泌物；第二层是毛孔浅层中的污垢；第三层是皮肤新陈代谢后产生的生物“垃圾”，也就是人们常说的由老化角质细胞所形成的“角质垃圾”。

日常所使用的清洁产品配合手法可帮助去除皮肤上的前两层“垃圾”，而第三层“垃圾”则需要借助去角质产品来去除，因此，从专业角度上来说，面部清洁可分为两种：表层清洁和深层清洁。

1. 表层清洁

表层清洁是指常规卸妆和洁面，也就是通常所说的双重清洁（双清）护理。表层清洁是指用卸妆产品和洁面产品将附着于皮肤表面的灰尘、油污、彩妆等清洁干净，是最常规的清洁方法。

2. 深层清洁

深层清洁是指运用含深层清洁成分的卸妆产品、洁面产品及去角质产品，配合奥桑喷雾仪、真空吸啜仪等专用面部清洁仪器，对毛孔中多余的皮脂、油垢及老化角质细胞等进行彻底清除，从而使面部皮肤的毛孔畅通，减少或避免皮肤问题发生，同时有效防止皮肤细菌感染，保障皮肤正常的新陈代谢。

相关链接

深层清洁注意事项

深层清洁有助于皮肤吸收营养物质，并能帮助皮肤排泄废物，保障皮肤正常的生理功能，但深层清洁一定不可过于频繁，需要根据年龄和皮肤特性而定。过多地进行深层清洁会使皮肤角质层变薄，导致皮肤对外的抵抗力下降，使皮肤变得敏感。

一般来说，25 岁前不需要进行深层清洁。25～35 岁，对于中性皮肤，可根据 28 天的皮肤生理新陈代谢周期进行深层清洁；对于干性皮肤、混合性皮肤，可每 35～40 天进行一次深层清洁；对于油性皮肤，可每 15～20 天进行一次深层清洁。对于年龄超过 35 岁的顾客，可根据“实际年龄＋10”的方法计算得到深层清洁的周期。

三、面部清洁的注意事项

正确地进行面部清洁，彻底清除皮肤上的污垢、残余化妆品、皮肤分泌物、代谢废物等，是面部皮肤护理中的一个关键环节。正确的面部清洁操作对保持面部皮肤健康和洁净非常重要，正确处理面部清洁过程中的细节是体现美容师专业性的关键点。

面部清洁需注意避免清洁不足和清洁过度两个极端。

1. 清洁不足

面部皮肤一天所产生的分泌物及黏附的污垢光靠清水是无法彻底清除干净的。若不能正确地清洁皮肤，长此以往，则会导致污垢残留、堆积，从而阻碍皮肤对营养物质的吸收，使皮肤皱纹增多，形成皮肤早衰，同时皮肤的新陈代谢功能也会受到影响，导致皮肤粗糙、暗淡、无光。

2. 清洁过度

有些人认为，清洁产品用量大些、留在皮肤上的时间久些、清洁的力度大些就可以把面部彻底清洁干净，其实，面部清洁的重点是在不损伤皮肤的基础上将面部清洁干净，而清洁产品停留在皮肤表面的时间越久，皮肤表面的天然屏障就越容易被破坏，从而降低皮肤抵御外界刺激的能力，使外来有害物质更易进入皮肤。例如，洁面产品在皮肤表面停留的时间应在 1 分钟以内，最多不可超过 2 分钟。对于干性皮肤，若第二天早上起床进行纸巾擦拭后无油点，可以不进行洁面，用温水洗脸即可。

另外，去角质需根据皮肤厚薄程度、皮肤类型等进行综合考虑，不可过勤或过久，否则会对皮肤造成伤害。

四、面部清洁产品的选择

正确选择面部清洁产品是进行面部清洁的关键之一，有利于保护皮肤，调节皮肤的酸碱度，帮助皮肤发挥正常的生理功能。那么，该如何正确选择面部清洁产品呢？

要正确选择面部清洁产品，一方面，要对皮肤的性质与特征进行正确判断，只有这样，才能找到适用的面部清洁产品，发挥其最佳功效；另一方面，要了解各种面部清洁产品的性质、功效和适用情况。下面介绍卸妆产品、洁面产品、爽肤产品的类型与功效，去角质产品的介绍见本培训项目的培训单元2的相关内容。

1. 卸妆产品的类型与功效

如今市场上的卸妆产品种类繁多，形态各异，功效作用不一，针对的皮肤类型也大不相同，见表2–2。

表2–2 卸妆产品的类型与功效

类型	功效	形态
卸妆油	通过油性成分，用“以油溶油”的方式溶解油性彩妆和脸上多余的油脂，适用于卸除较浓的妆和多种类型的皮肤	
卸妆水	通过产品中的非水溶性成分与皮肤上的污垢结合达到卸妆目的，适用于卸除较浓的妆，不适合干性且敏感皮肤	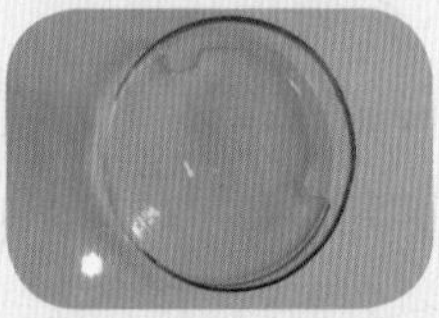
卸妆乳	溶剂型，具有更好的加溶和分散作用，对耐久性化妆品具有更好的清洁力，适用于干性皮肤和中性皮肤	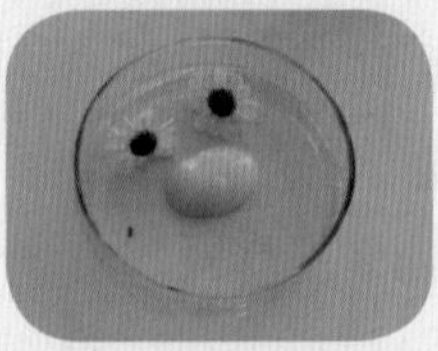
卸妆凝胶	能彻底卸除底妆并去除毛孔深处的污垢，无须揉搓就能在皮肤上轻易延展开，能减少摩擦对皮肤产生的损伤，适用于任何皮肤	

续表

类型	功效	形态
卸妆啫喱	质感清爽，对皮肤造成的负担较小，适用于干性皮肤、敏感皮肤	
卸妆泡沫	能温和卸除皮肤上的彩妆并去除污垢，适用于脆弱且容易过敏的皮肤	
卸妆湿巾	卸妆效果相对较好，便携性强，适用于旅行、露营、健身等无法保证用清洁产品和清水清洁面部的场合	

2. 洁面产品的类型与功效

洁面产品可有效清除皮肤表面残余的污垢和分泌物。用洁面产品清洁面部是在卸妆之后进行的，可使毛孔畅通、皮肤放松，并防止细菌感染，使面部皮肤为下一步的护理做好准备。

（1）根据产品状态分类。洁面产品根据产品状态分为洁面皂、洁面粉、洁面膏、洁面乳、洁面啫喱、洁面泡沫等，见表 2–3。

表 2–3　洁面产品的类型与功效

类型	功效	形态
洁面皂	洁面皂的种类很多，清洁力度较强，能够轻松地将面部污垢带走，适用于油性皮肤、混合性皮肤	
洁面粉	洁面粉是洁面产品中较为温和的产品，适合于敏感皮肤、干性皮肤	

续表

类型	功效	形态
洁面膏	洁面膏具有较强的深层清洁能力，适用于油性皮肤、混合性皮肤，尤其适合夏天使用	
洁面乳	洁面乳性质较温和，可以清洁面部的污垢和油脂，适用于中性皮肤和干性皮肤	
洁面啫喱	洁面啫喱需要打出泡沫后使用，适用于油性皮肤、混合性皮肤	
洁面泡沫	使用较方便，省去打泡沫环节，以细腻丰富的泡沫直接清洁皮肤，可以减轻对皮肤的刺激	

（2）根据成分分类。洁面产品根据成分可分为表面活性剂类和皂基清洁剂类。

1）表面活性剂类。亲油、亲水的表面活性剂分子能利用自身的结构优势把皮肤污垢“连根拔起”，并随水流冲洗走。洁面产品含有表面活性剂的较多，其不仅有清洁作用，还能很好地保持产品本身的稳定性。十二烷基硫酸钠、月桂基硫酸钠等是常用的表面活性剂成分。

2）皂基清洁剂类。皂基清洁剂通过形成皂盐，分散皮肤表面污物而发挥清洁作用。皂基清洁剂的清洁力度比表面活性剂的清洁力度强。

对于使用者而言，使用感受是最直观的选择依据。若使用洁面产品后，皮肤感觉不紧绷、不干燥，还会展现一定的光泽感和润滑度，则这款洁面产品便是适合使用者的。

相关链接

氨基酸洁面乳

皮肤表面在正常状态下呈弱酸性，pH 值过高时，皮肤屏障会受损，因此最好选择弱酸性或中性洁面产品。氨基酸洁面乳是一款弱酸性表面活性剂类洁面产品，较温和、亲肤。氨基酸洁面乳中含有适量的护肤成分，如保湿剂、营养剂等，因此相对来说，洁面后皮肤不会出现明显的紧绷感。

3. 爽肤产品的类型与功效

爽肤产品即化妆水，也称爽肤水。爽肤水是一种兼具清洁、收敛、营养等多种功能的液态护肤品，可以给皮肤的角质层补充水分，起到保湿的作用。

爽肤水的主要成分有醇类、保湿剂、柔软剂、增溶剂等，分类如下。

（1）按外观形态分类。爽肤水按外观形态分为透明型和乳化型。透明型爽肤水最常见，质地透明。乳化型爽肤水含油量相对较多，有良好的润肤效果。乳化型爽肤水中有一种呈分层形态的爽肤水，称为多层型爽肤水，这种爽肤水需要摇匀后使用。

（2）按功能分类。爽肤水按功能分为柔软型、收敛型和清洁型。柔软型爽肤水可以使皮肤柔软、湿润，比较适合干性皮肤使用。收敛型爽肤水可以抑制皮肤分泌过多的油分，还具有清洁、杀菌的作用，比较适合油性皮肤使用。清洁型爽肤水具有一定的清洁作用，也称洁肤水，主要用于卸妆、洁面后的二次清洁。

培训单元 2　面部清洁程序

培训重点

掌握面部清洁的程序。

掌握面部清洁的标准操作步骤与技能要点。

面部清洁的程序如图 2–12 所示。

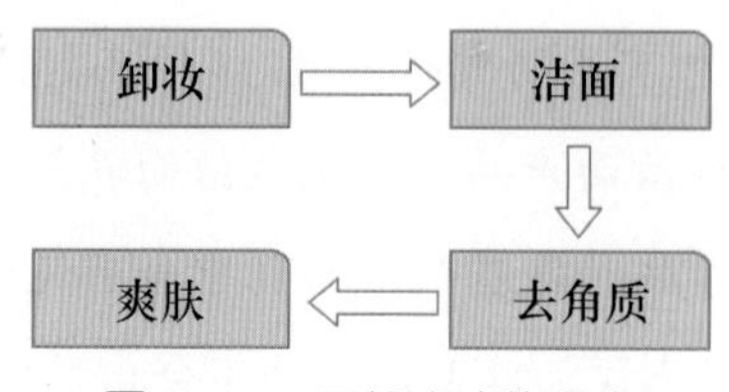

图 2–12　面部清洁的程序

一、卸妆

化妆已成为人们生活、工作中的重要内容。若长期使用化妆品却清洁不彻底，使彩妆长期残留于面部，则会造成皮肤毛孔堵塞、色素沉着等问题。因此，将面部彩妆如睫毛膏、眼线液、眼影、唇膏、粉底等彻底卸除干净，可以帮助皮肤保持正常生理功能，避免因残妆造成皮肤问题。

1. 卸妆步骤

卸妆步骤如图 2–13 所示。

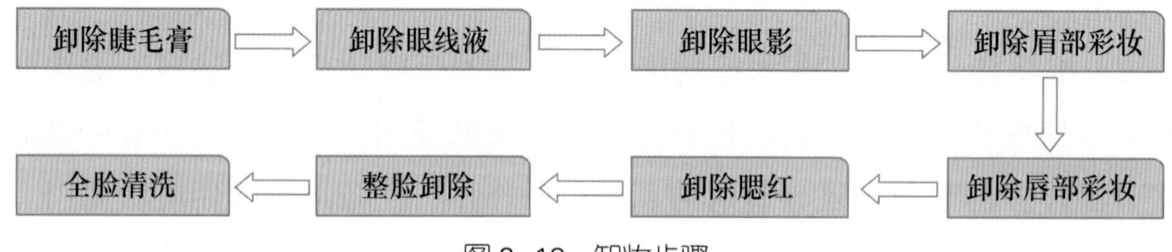

图 2–13　卸妆步骤

2. 卸妆注意事项

（1）为顾客卸妆前，双手需彻底清洁干净并消毒。

（2）卸妆产品用量需掌握好，避免过量或不足。

（3）卸妆过程中，应注意力度把控得当，避免牵拉顾客皮肤，引起不适。

（4）卸妆过程中，避免卸妆产品流入顾客的眼、鼻、口中。

（5）若顾客妆容较浓，则可进行二次卸妆，一定要确保卸妆彻底。

（6）卸妆过程中，细小部位要清洁到位，避免遗漏。

（7）眼部卸妆时，要垫棉片进行保护，避免造成眼部色素沉着。

（8）卸妆操作时间不宜过长，基本控制在 3 ~ 5 分钟内完成。

（9）卸妆结束后，要及时进行洁面。

二、洁面

1. 洁面步骤

洁面步骤如图 2–14 所示。

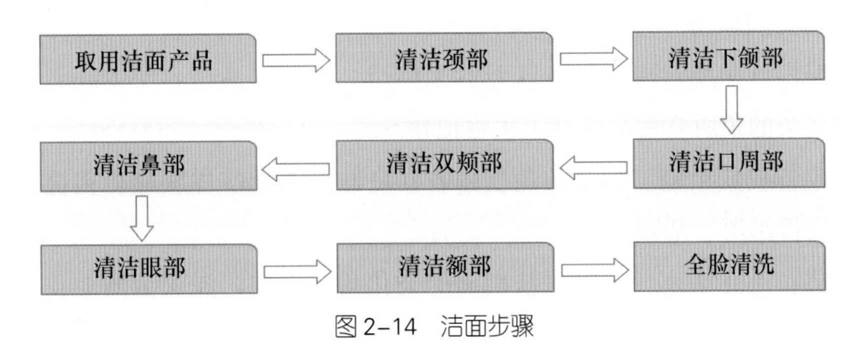

图 2–14 洁面步骤

2. 洁面注意事项

（1）洁面过程中，避免遗漏发际部位、下颌线等部位。

（2）洁面过程中，避免洁面产品流入顾客的眼、鼻、口中。

（3）洁面过程中，避免牵拉顾客皮肤，必须根据肌肉纹理走向进行操作（具体见技能要求相关部分）。

（4）洁面时间不宜过长，一般控制在 3 ~ 5 分钟内。

三、去角质

皮肤表皮层的最外层——角质层不断脱落，并不断由颗粒层细胞向上推移来补充。由于机体衰老、外界环境等因素的影响，皮肤的新陈代谢速度会逐渐变慢，致使老化角质细胞脱落的过程变得非常缓慢。而这些细胞在皮肤表面一旦形成堆积，就会影响皮肤的呼吸和排泄功能，使皮肤逐渐变得干燥、粗糙，甚至起皮屑，看起来暗淡无光。美容师可借助化学或物理的方法帮助顾客去除老化角质细胞，促进皮肤新陈代谢，这一过程就是去角质（也称脱屑）。

1. 去角质的分类

（1）自然性去角质。自然性去角质由皮肤自身正常的新陈代谢来完成，不需要外界操作。一般在 25 岁之前，人体自身的新陈代谢旺盛，若皮肤状态良好，则没有必要去角质，待角质自然脱落即可。25 岁之后，随着年龄的增加，人体自身的新陈代谢变得缓慢，老化角质细胞容易堆积，此时可以进行去角质。

（2）物理性去角质。物理性去角质（物理脱屑）是指用物理的方法使老化角质细胞脱落。磨砂膏就是运用细小的弹性颗粒与皮肤产生摩擦，致使皮肤表面的老化角质细胞脱落的原理实现去角质的。此方法的刺激性较大，适用于油性皮肤。

（3）化学性去角质。化学性去角质（化学脱屑）是将有机酸作用于角质细胞，使表层角质细胞软化或溶解后，通过轻轻搓揉的方式达到去角质目的。

2. 去角质的作用

（1）美白。角质过厚会使皮肤看起来暗沉、发黄，甚至会使皮肤呈现出黑灰色。去除多余的角质会使皮肤看上去更白皙。

（2）改善皮肤粗糙。多余的角质附着在皮肤上，会使皮肤显得粗糙。去角质能使皮肤变得嫩滑、细腻。

（3）防止毛孔堵塞。去除皮肤表面的老化角质细胞，深入清洁毛孔，可以预防毛孔堵塞。

（4）促进皮肤吸收。皮肤上的老化角质细胞堆积过多会造成毛孔堵塞，从而影响皮肤对护肤品的吸收。去角质能够快速去除皮肤上多余的角质，从而使毛孔畅通，促进皮肤对护肤品的吸收。

（5）刺激细胞新生。去除老化角质细胞不仅能够让皮肤变得光滑，而且能够刺激新细胞生长。

3. 去角质的步骤

物理性去角质步骤如图 2–15 所示。化学性去角质步骤如图 2–16 所示。

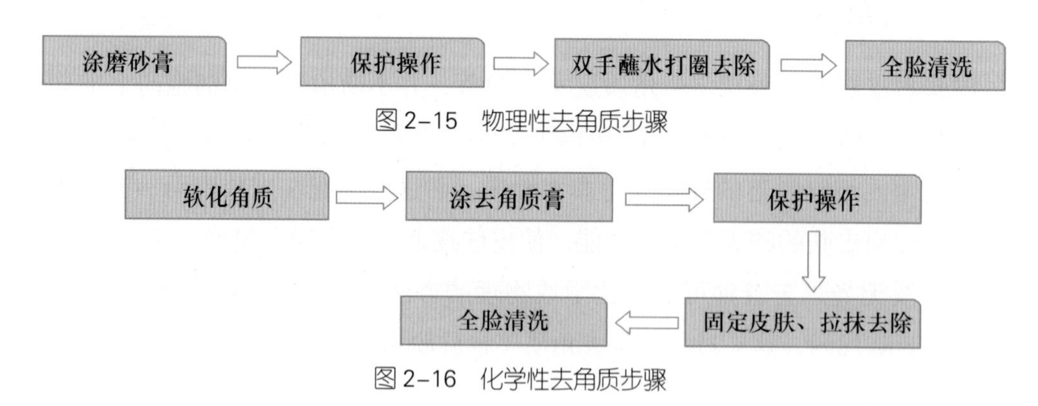

图 2–15　物理性去角质步骤

图 2–16　化学性去角质步骤

4. 去角质注意事项

（1）对于发炎、有脓疱、破损的皮肤，以及眼、唇等部位的皮肤，禁止进行去角质操作。

（2）避免频繁去角质造成皮肤过敏。频繁去角质会使皮肤变得越来越脆弱，从而产生皮肤过敏、红血丝外露等现象，皮肤也会因此出现水分流失，从而导致皮肤干燥。特别是对于干性皮肤及问题性皮肤，一定要视皮肤情况决定是否进行去角质，非必要时不进行去角质操作。

（3）不同的去角质产品由于成分不同或所含去角质颗粒大小不同，因此对皮肤的刺激性也存在差异，一定要选择合适的去角质产品，否则会给皮肤带来伤害。

（4）去角质前，应通过蒸面或热敷的方法来软化角质，打开毛孔。蒸面方式见职业模块 2—培训项目 4—培训单元 1 的相关内容。

（5）去角质操作时间不宜过长，应控制在 3 ~ 5 分钟之内。

相关链接

正确认识角质层

角质层是皮肤最重要的一层保护层，角质层的厚薄直接决定皮肤的状况。角质层太厚，则皮肤会粗糙、发黄、无光泽；角质层太薄，则皮肤无法承受外界的刺激，变得敏感、脆弱。

四、清洗

清洗就是用温水将混合着面部灰尘、分泌物、老化角质等的清洁产品彻底清洁干净的过程。卸妆、洁面、去角质的最后一步都要进行清洗。

1. 清洗步骤

清洗步骤如图 2–17 所示。

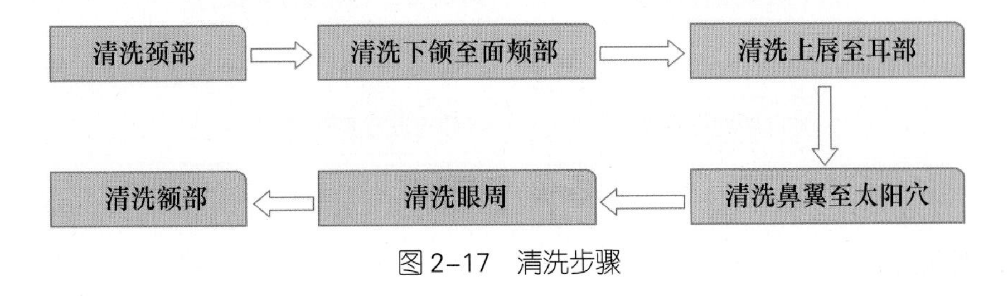

图 2–17　清洗步骤

2. 清洗注意事项

（1）清洗前，需把控好水温和洁面巾的含水量。

（2）清洗过程中要注意擦拭力度，避免过于用力，牵拉到顾客皮肤，引起不适。

（3）顾客的眼、鼻、口部位要擦拭仔细，避免水进入其中。

（4）清洗操作可多次重复进行，直至彻底清洗干净为止。

（5）清洗时动作应一气呵成，操作应轻柔。

（6）清洗过程中需及时更换用水，以保证清洗彻底，避免面部有残留物。

（7）对于面部皮肤干燥、有炎症的顾客，在清洁后，可使用保湿类面膜轻敷 5 分钟，这既可起到深层清洁作用，又能起到保湿修复作用。

相关链接

清洗水温

清洗水温应适中，一般宜控制为 34 ~ 37 ℃。水温过高，会导致皮肤细胞脱水、皮脂流失严重，从而易使皮肤变得粗糙，导致皮肤老化；水温过低，不利于清除面部污垢，长期使用冷水进行面部清洁会影响皮肤分泌、排泄，使皮肤变得干燥。

五、爽肤

清洁皮肤后，应及时进行爽肤护理。爽肤可以起到再次清洁皮肤、调节皮肤酸碱度、及时补充皮肤所需水分和营养的作用。

1. 爽肤步骤

爽肤步骤如图 2–18 所示。

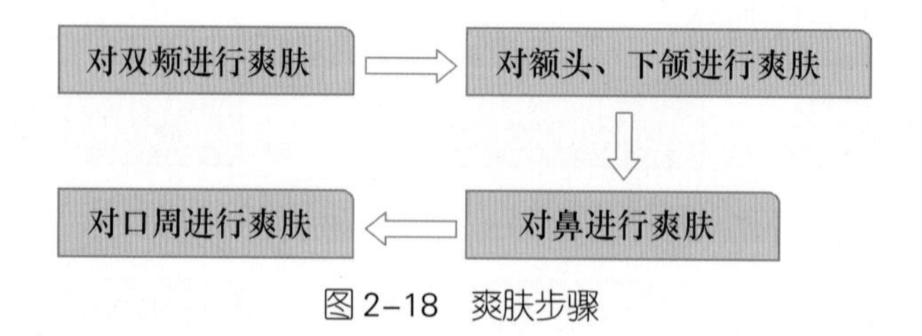

图 2–18　爽肤步骤

2. 爽肤方法

（1）棉片擦拭法。棉片擦拭法是指利用棉片蘸取爽肤水，对面部进行擦拭。这种方法可对皮肤起到二次清洁的作用。

（2）轻拍按压法。轻拍按压法是指取适量爽肤水于一手手心，双手合十，用涂满爽肤水的手掌轻拍按压面部各部位。这种方法可起到缓解皮肤疲劳的作用，并有助于收缩毛孔。

3. 爽肤注意事项

（1）使用棉片擦拭法时，应选择柔软性强的棉片，避免给皮肤带来不适感。

（2）使用轻拍按压法时，要注意控制力度，避免发出拍打皮肤的声音。

（3）在整个面部皮肤护理过程中，爽肤并不只在清洁面部后进行，具体可根据各护理环节后的顾客皮肤状态机动进行，以及时补充皮肤水分。

技能要求

面部卸妆

操作准备

用品、用具：卸妆产品、棉片、棉签、洁面巾、洗脸盆、温水等。

操作步骤

步骤 1　卸除睫毛膏

用温水打湿棉片，请顾客闭上眼睛，将棉片沿宽边放置于下眼睑睫毛根处，左手食指、中指固定棉片及眼部皮肤，右手用蘸有卸妆产品的棉签从内眼角向外眼角处依次顺着睫毛生长的方向由睫毛根部向睫毛尖部擦拭，将睫毛膏推到棉片上，如图 2–19 所示。

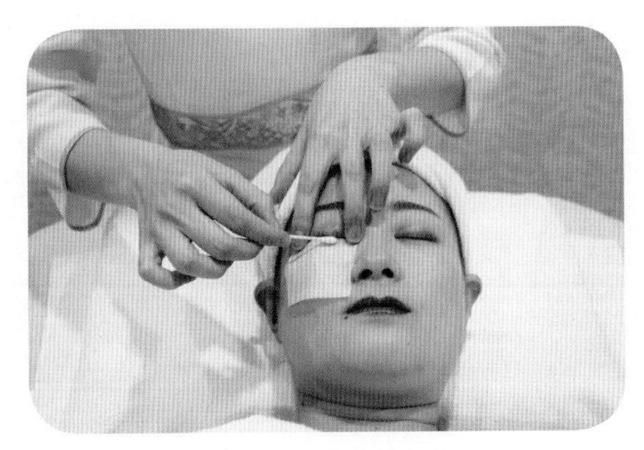

图 2–19　卸除睫毛膏

步骤 2　卸除眼线液

（1）更换新棉签，蘸取卸妆产品，将顾客上眼皮轻轻向上拉，让上眼线充分暴露，由内眼角向外眼角的方向卸除上眼线，如图 2–20a 所示。上眼线卸除后，用食指和中指夹住棉片，由内向外撤离眼部，并将棉片丢入垃圾桶。

（2）请顾客睁开眼睛，将顾客下眼皮轻轻向下拉，由内眼角向外眼角方向卸除下眼线，如图 2–20b 所示。

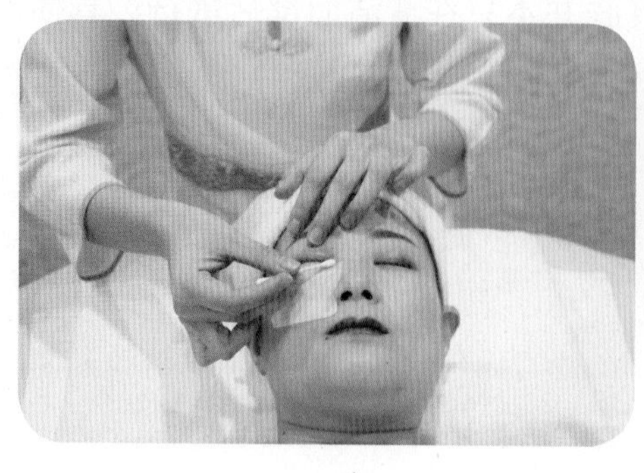
a)

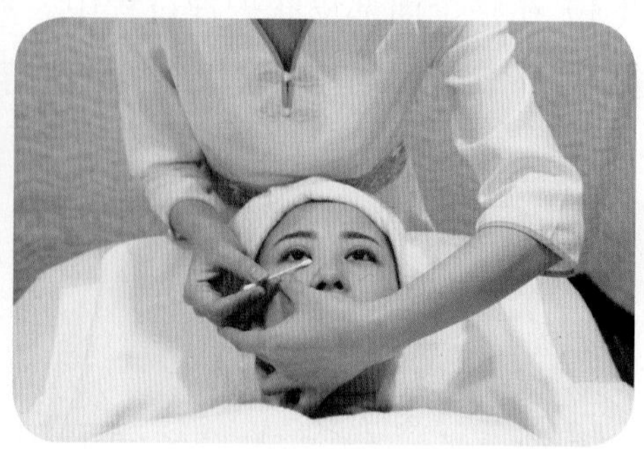
b)

图 2–20 卸除眼线液

a）卸除上眼线 b）卸除下眼线

步骤 3 卸除眼影

请顾客闭上眼睛，左手轻轻放在顾客头部的毛巾上，右手用新棉签蘸取卸妆产品，用打圈的方式卸除眼影，如图 2–21 所示。也可用中指、无名指蘸取卸妆产品进行眼影卸除。

步骤 4 卸除眉部彩妆

用新棉签蘸取卸妆产品，以打圈的方式从眉头至眉尾卸除眉部彩妆，如图 2–22 所示。也可用中指蘸取卸妆产品进行眉部彩妆卸除。

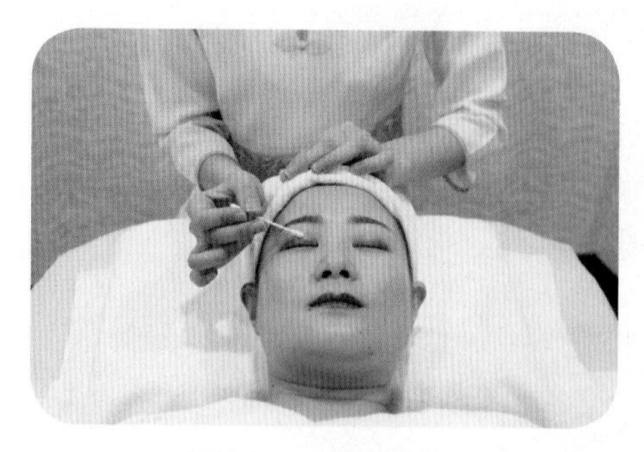
图 2–21 卸除眼影

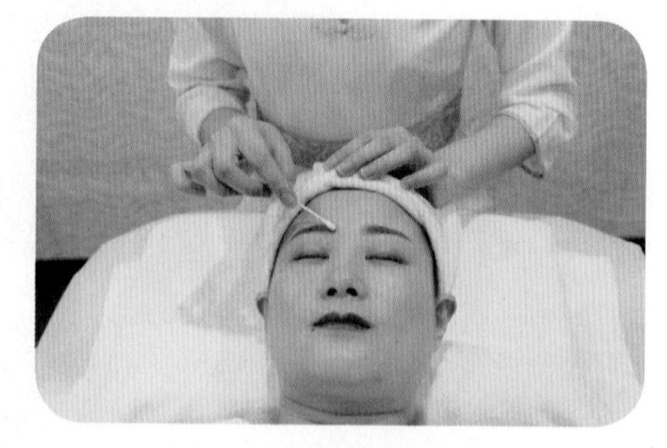
图 2–22 卸除眉部彩妆

步骤 5 卸除唇部彩妆

（1）用两片新棉片蘸取卸妆产品，双手食指、中指固定棉片。

（2）将两片棉片放置于顾客嘴角两侧。左手略向外拉紧以固定左侧唇周皮肤，右手从左侧嘴角擦拭至右侧嘴角；右手再略向外拉紧以固定右侧唇周皮肤，左手从右侧嘴角擦拭至左侧嘴角。如此反复交替拉抹，以卸除唇部彩妆，如图 2–23 所示。也可先从右侧嘴角擦拭至左侧嘴角，左右顺序并无固定要求。

步骤 6　卸除腮红

用新棉片蘸取卸妆产品，双手食指、中指固定棉片，分别放置于左、右鼻翼上方，从鼻翼上方至太阳穴方向进行擦拭，以卸除腮红，如图 2–24 所示。

图 2–23　卸除唇部彩妆

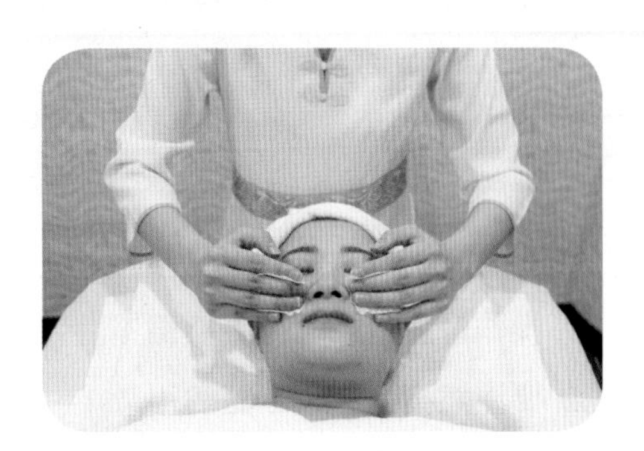

图 2–24　卸除腮红

步骤 7　整脸卸妆

用新棉片蘸取卸妆产品，按由下向上、由内向外的顺序擦拭，将面部多余的彩妆卸除干净，如图 2–25 所示。

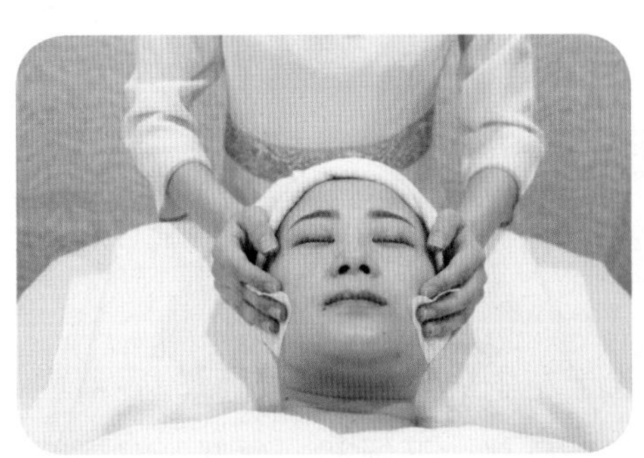

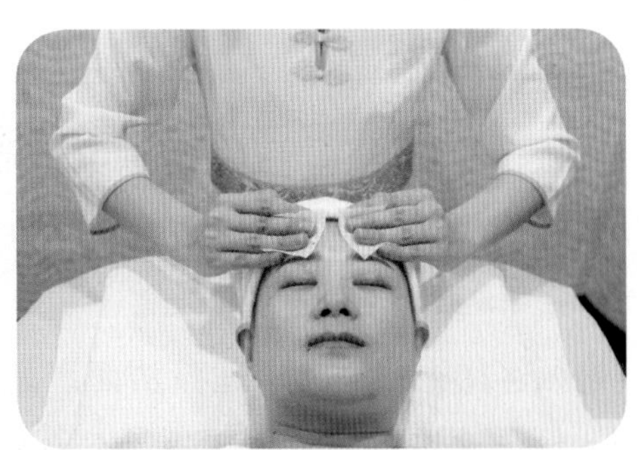

图 2–25　整脸卸妆

步骤 8　全脸清洗

先清洁双手，再将洁面巾放置于洗脸盆中，用温水打湿进行面部擦拭。可根据清洁顺序依次擦拭干净，也可先擦拭眼部、唇部、颈部这些较敏感的皮肤部位。擦拭时，可单手操作或双手同时操作，让洁面巾轻贴于顾客面部皮肤，根据肌肉纹理，由内向外依次擦拭干净，如图 2–26 所示。

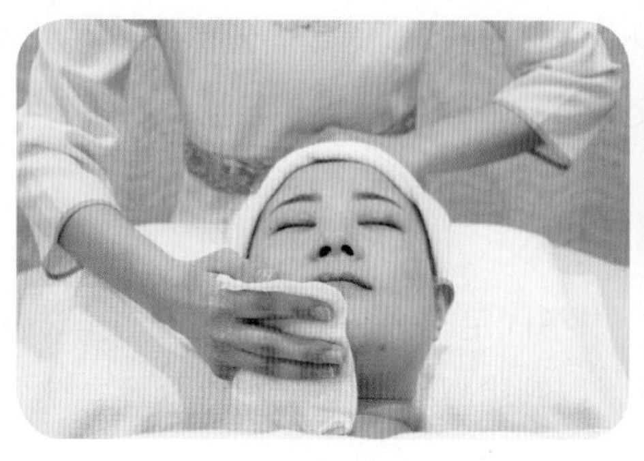

a)

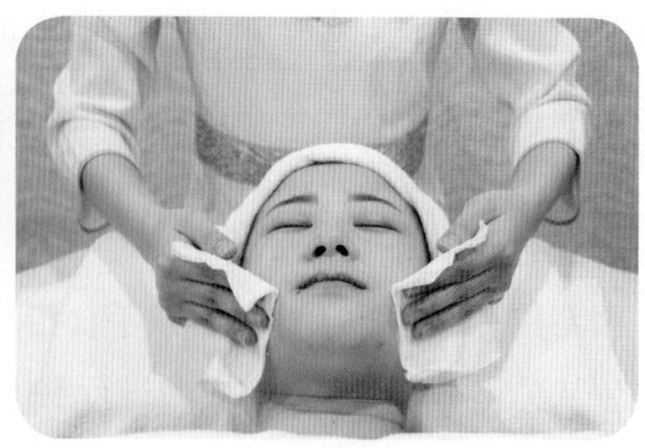

b)

图 2–26　全脸清洗

a）单手擦拭　b）双手擦拭

注意事项

1. 操作过程中应及时更换棉签。

2. 要注意把控卸妆产品的用量。

3. 卸除下眼线时，注意避免让棉签接触顾客眼睛。

4. 卸除眼线液时，拉眼皮的力度要轻柔。

洁　面

操作准备

用品、用具：洁面产品、洁面巾、洗脸盆、温水等。

操作步骤

步骤 1　取用洁面产品

请顾客闭上眼睛，取适量洁面产品放于左手虎口处或消毒后的容器内，右手中指、无名指取洁面产品分别涂于额部、鼻部、下颌部、颈部、双颊部，如图 2–27 所示。也可取适量洁面产品于一手掌心，另一手蘸水，双手轻轻将洁面产品揉出泡沫。

步骤 2　清洁颈部

双手四指关节放松并自然并拢，轻柔接触顾客颈部皮肤，从顾客颈根部向上轻柔交替拉抹至下颌部数遍，如图 2–28 所示。操作时，避免用力不均或用力过猛造成顾客不适。

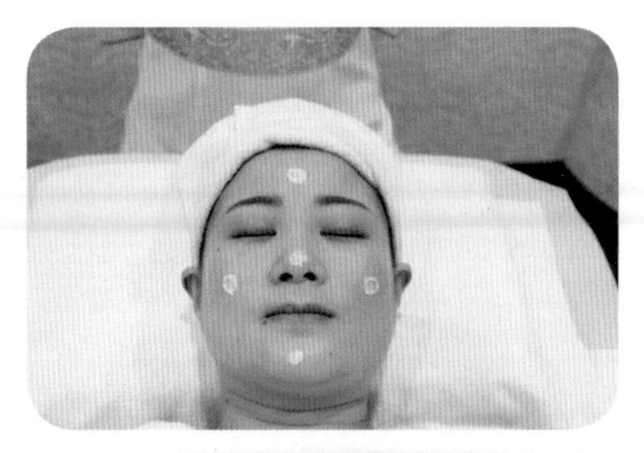
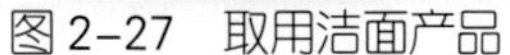

图 2-27　取用洁面产品

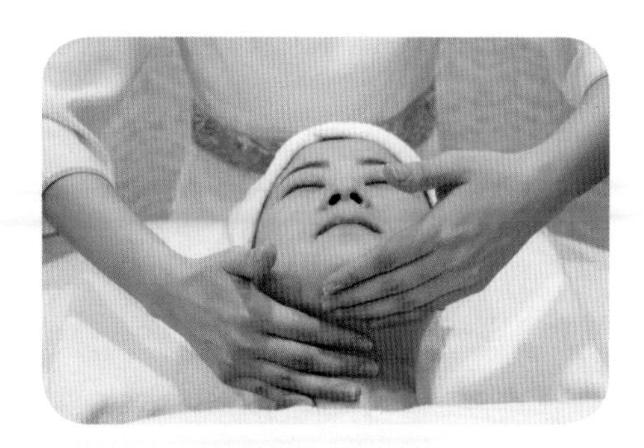

图 2-28　清洁颈部

步骤 3　清洁下颌部

双手四指并拢，放置于下颌部，沿下颌轮廓线向上打圈清洁数遍，如图 2-29 所示。

步骤 4　清洁口周部

由于口周部操作面积较小，洁面产品极易进入口、鼻内，因此操作时可主要用中指。双手中指从人中、承浆（上、下唇中间的位置）向两侧嘴角上下交替打半圈进行清洁，如图 2-30 所示，最后向上打圈过渡至双颊部。

图 2-29　清洁下颌部

图 2-30　清洁口周部

步骤 5　清洁双颊部

由于双颊部面积较大，因此可换为四指操作，即用食指、中指、无名指、小拇指操作，如图 2-31 所示。双手四指分三条线（第一条线为下颏至耳垂，第二条线为嘴角至耳中，第三条线为鼻翼旁至太阳穴）进行打圈清洁。

步骤 6　清洁鼻部

（1）双手拇指交叉，指尖向下，中指、无名指指腹在鼻梁及其两侧上下交替提拉至鼻根部，往返数次。

（2）中指在鼻翼部位打圈，清洁鼻翼部位，如图 2-32 所示。

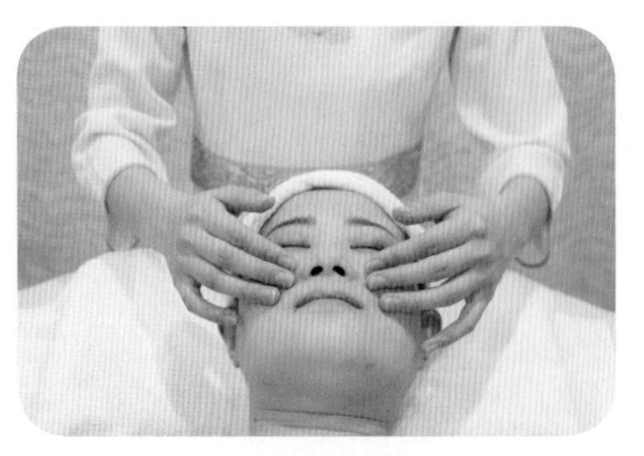

图 2–31　清洁双颊部

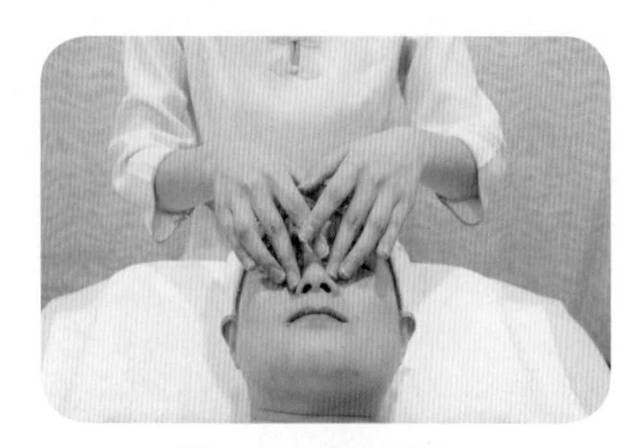

图 2–32　清洁鼻部

步骤 7　清洁眼部

双手从鼻翼部位向上滑至眉中，双手中指、无名指沿从眉中至太阳穴，再至鼻根、眉头的顺序沿眼周打圈，反复数次，如图 2–33 所示。

步骤 8　清洁额部

沿眼周打圈至太阳穴后，向上轻拉过渡至额中，双手中指、无名指（根据额头面积的大小，也可用食指、中指、无名指）从额中打圈至太阳穴，反复数次，如图 2–34 所示。

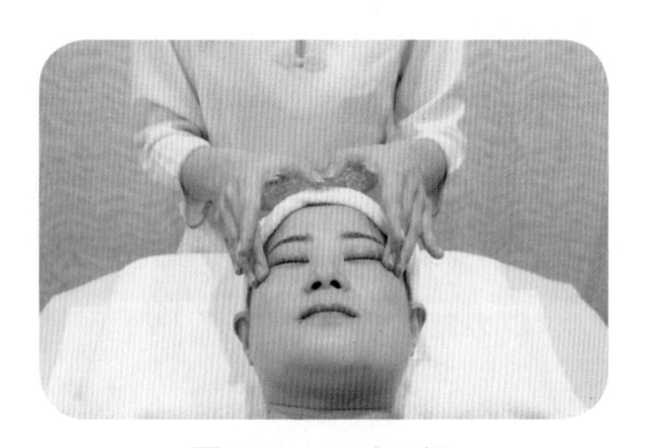

图 2–33　清洁眼部

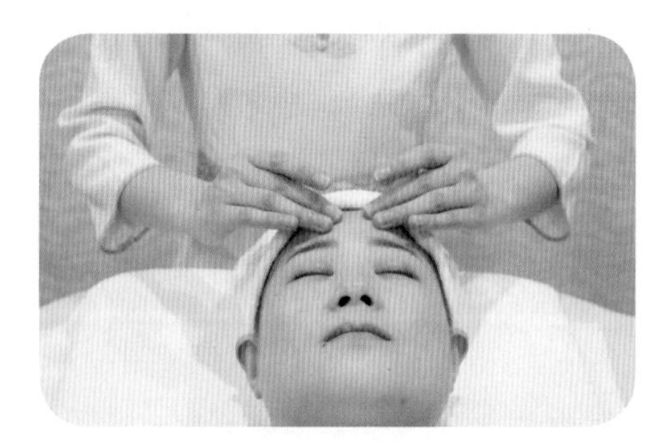

图 2–34　清洁额部

步骤 9　全脸清洗

先清洁双手，再将洁面巾放置于洗脸盆中，用温水打湿进行面部擦拭。可以根据清洁顺序依次擦拭干净，也可先擦拭眼部、唇部、颈部这些较敏感的皮肤部位。擦拭时，可单手操作或双手同时操作，让洁面巾轻贴于顾客面部皮肤，根据肌肉纹理，由内向外依次擦拭干净，如图 2–26 所示。

注意事项

1. 取用洁面产品时，应根据各部位面积决定取用量，并以中指、无名指的指腹接触操作部位。

2. 除步骤 1 所讲述的操作方法外，也可将洁面产品直接置于掌心打圈后涂抹于操作部位。

3. 进行全脸清洗时，要注意洁面巾的含水量，避免水流入顾客耳中。

去除面部老化角质（物理性去角质）

操作准备

用品、用具：磨砂膏、纸巾、洁面巾等。

操作步骤

步骤 1　涂磨砂膏

将磨砂膏涂抹于顾客额部、鼻部、下颌部、双颊部五点，用指腹均匀涂抹。

步骤 2　保护操作

在顾客两耳前、颈部放置纸巾进行保护，以防后续操作过程中有碎屑掉入顾客的耳中、颈部。

步骤 3　双手蘸水打圈去除

双手中指、无名指并拢，蘸水，以指腹打圈的方式按摩顾客额部、鼻部、下颌部、双颊部等部位，如图 2–35 所示。

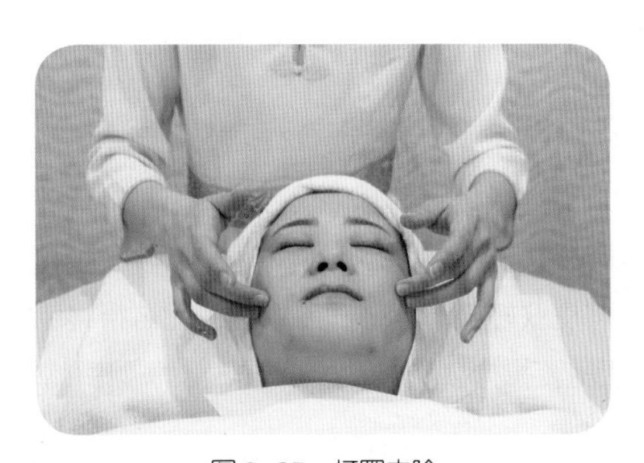

图 2–35　打圈去除

步骤 4　全脸清洗

先清洁双手，再将洁面巾放置于洗脸盆中，用温水打湿进行面部擦拭。可以根据清洁顺序依次擦拭干净，也可先擦拭眼部、唇部、颈部这些较敏感的皮肤部位。擦拭时，可单手操作或双手同时操作，让洁面巾轻贴于顾客面部皮肤，根据肌肉纹理，由内向外依次擦拭干净，如图 2–26 所示。

注意事项

1. T 区去角质时间可稍长。
2. 避开眼周部位。
3. 整个去角质过程时间控制为 3 分钟左右。
4. 物理性去角质适合油性皮肤。
5. 去角质周期根据季节、气候、皮肤状态而定，每月最多做 2 次。
6. 进行物理性去角质前，可以进行蒸面，也可以不进行蒸面。
7. 进行物理性去角质时，步骤 1 和步骤 2 可调整先后顺序。

去除面部老化角质（化学性去角质）

操作准备

用品、用具：去角质膏、纸巾、洁面巾等。

操作步骤

步骤 1　软化角质

蒸面，具体操作见本书职业模块 2—培训项目 4—培训单元 1。

步骤 2　涂去角质膏

将去角质膏均匀地涂抹于顾客的额部、鼻部、下颌部、双颊部。

步骤 3　保护操作

在等待去角质膏变干的过程中，在顾客两耳前、颈部放置纸巾进行保护，以防后续操作过程中有碎屑掉入顾客的耳中、颈部。

步骤 4　固定皮肤、拉抹去除

左手食指、中指将皮肤轻轻绷紧，右手中指、无名指将绷紧部位的去角质膏拉抹去除，如图 2–36 所示。拉抹去除时，按由下向上的顺序依次进行。

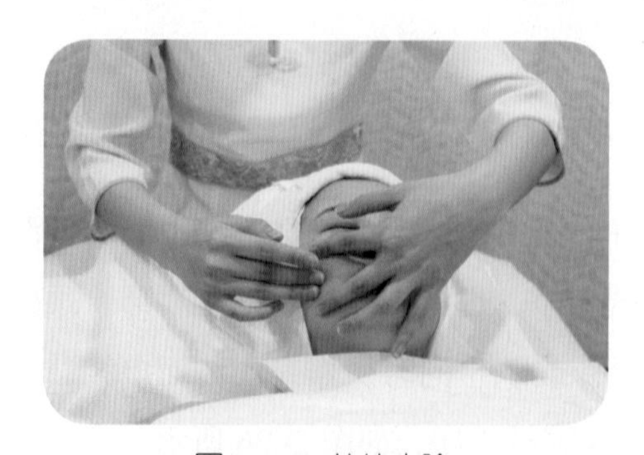

图 2–36　拉抹去除

步骤 5 全脸清洗

先清洁双手，再将洁面巾放置于洗脸盆中，用温水打湿进行面部擦拭。可以根据清洁顺序依次擦拭干净，也可先擦拭眼部、唇部、颈部这些较敏感的皮肤部位。擦拭时，可单手操作或双手同时操作，让洁面巾轻贴于顾客面部皮肤，根据肌肉纹理，由内向外依次擦拭干净，如图 2–26 所示。

注意事项

1. 避开眼周皮肤。
2. 整个去角质过程时间控制为 3 分钟左右。
3. 去角质膏要涂抹均匀，不宜过多。
4. 化学性去角质适合干性皮肤、衰老皮肤。
5. 拉抹去除时，应根据肌肉纹理走向操作，避免反复揉搓，损伤皮肤。

思考题

1. 面部清洁的作用是什么？
2. 面部清洁程序是什么？
3. 面部清洁中卸妆产品的类型有哪些？
4. 面部卸妆的操作步骤和注意事项是什么？
5. 洁面的操作步骤是什么？
6. 面部化学性去角质的操作步骤和注意事项是什么？

培训项目 4 面部护理

培训单元 1 蒸　面

掌握奥桑喷雾仪的操作要求及功效。

能用奥桑喷雾仪对面部皮肤进行喷雾。

一、蒸面的目的

1. 补充皮肤水分

蒸面可改善皮肤缺水状态。喷雾仪离子化蒸汽作用于面部皮肤后，能有效补充表皮细胞水分，提高皮肤的含水量。正常皮肤角质层的含水量为 10% ~ 20%，当皮肤角质层含水量低于 10% 时，皮肤就会出现干燥起皱现象。蒸面可增加皮肤角质层的含水量，增强皮肤的弹性和水润性。

2. 增强氧离子吸收与释放

离子化蒸汽富含氧离子，在蒸汽喷射过程中所产生的冲击力有利于加强皮肤对氧离子的吸收。同时，在热效应的作用下，蒸面使面部皮肤温度升高，局部血流量加快，皮肤的有氧代谢能力加强，使皮肤营养供给情况得到改善。热效应下的蒸汽氧离子释放可有效减轻皮肤水肿、瘙痒、水油不平衡等症状，能促进提高皮损部位的自愈能力及上皮细胞的再生能力，使肤色得到有效改善。

3. 软化表皮

用蒸汽熏蒸面部皮肤可软化毛囊及角质细胞，从而有利于深层清洁毛囊深处的污垢和老化角质细胞。在去角质前，一般要进行蒸面（或热敷）操作。蒸汽透入表皮细胞，使其膨胀软化，毛孔得以扩张，从而便于用去角质产品对面部老化角质细胞进行清除，使面部皮肤更加通透、柔软。

4. 促进皮肤细胞吸收

高温作用下，大量的蒸汽使毛囊与毛细血管扩张，从而提高了血管壁与细胞膜的通透性。毛孔受热后张开，有利于清除毛囊深层污垢、皮肤深层沉淀物及分泌过盛的皮脂，使皮肤呼吸、排泄通畅；有利于促进皮肤对营养物质的吸收，增强对皮肤细胞的渗透养护作用。

5. 杀菌、消毒、消炎

喷雾仪中的紫外线灯在启动后会产生臭氧，臭氧具有一定的杀菌、消毒和消炎作用，可使微生物细胞内的核酸和原浆蛋白酶产生化学变化，致使微生物细胞死亡，从而防止破损部位与炎症部位扩大，增强表皮细胞的活力，有效加快伤口愈合，增强皮肤对外界的抵抗力，提高皮肤的抗菌能力。

6. 清洁作用

喷雾接触皮肤后会凝结成水滴，对皮肤表面起到湿润、清洁的作用，有利于清除附着于皮肤表面的污垢和微生物。对于皮脂分泌不平衡的皮肤，喷雾还能有效降低皮脂黏稠度，对预防和调理痤疮有着积极的作用。

二、喷雾仪的工作原理

蒸面是面部护理实施过程中的重要步骤之一。蒸面用的喷雾仪一般分为普通喷雾仪和冷喷仪。普通喷雾仪也称奥桑喷雾仪。

奥桑喷雾仪主要由蒸汽发生器和臭氧灯组成。蒸汽发生器由玻璃烧杯和电气元件组成，其工作原理与电水壶相似。在玻璃烧杯内加入蒸馏水或去离子水，烧杯内的电热元件产生热能，使烧杯内的蒸馏水沸腾后产生蒸汽，通过金属管道喷出，这就是普通喷雾。当臭氧灯开启后，空气中的氧气被高压电弧或电场激活转化成臭氧，普通喷雾在臭氧的作用下就成为具有杀菌、消毒、消炎作用的奥桑喷雾。

冷喷仪通过物理水质软化过滤器分离普通水中的钙、镁等离子，使水的成分更简单，水质更干净，再通过超声波振荡使水形成大量含有负离子的微细雾粒，这些低温负离子吸附并渗透于皮肤表皮，能降低表皮温度、收缩毛孔，对敏感皮肤有很好的镇静、消炎、消肿作用。

皮肤类型和护理目的不同，对蒸面效果的要求也不同。应顾客护理需要，如今有些喷雾仪还能通过在蒸馏水中添加不同的物质来释放中草药喷雾或芳香精油喷雾。为方便操作，市场上也有结合了冷喷、热喷功能的双头喷雾仪，以及集离子导入、吸啜功能于一体的综合喷雾仪等，其工作原理和操作程序都是差不多的。

三、蒸面的程序

下面以奥桑喷雾仪为例说明蒸面的程序。奥桑喷雾仪的操作程序如图 2–37 所示。

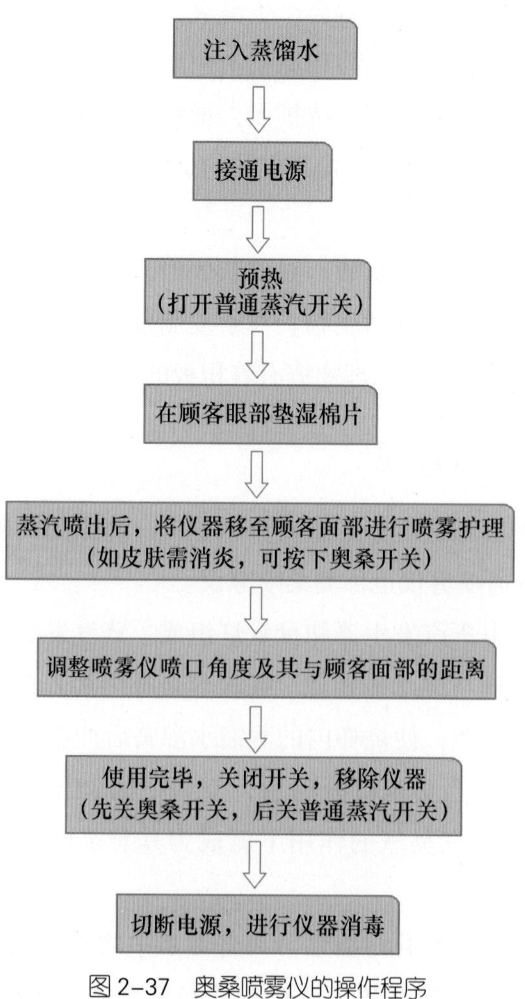

图 2–37　奥桑喷雾仪的操作程序

四、蒸面的注意事项

1. 蒸面条件

蒸面可以软化角质层，打开毛孔，加速皮肤对表皮覆盖物质的吸收（包括营养成分、化妆品残留物质等）。为保证皮肤不吸收有害物质，蒸面操作一定要在清洁干净后的皮肤上进行。

2. 喷雾护理的距离与时间

喷雾应从顾客的头部由上向下喷射，喷雾仪喷口与顾客面部的距离必须根据顾客皮肤的性质而定，不可随意为之。不同皮肤进行喷雾护理的距离与时间见表 2–4。

表 2–4　不同皮肤进行喷雾护理的距离与时间

皮肤类型	喷口与面部的距离	普通喷雾类型	普通喷雾时间	奥桑喷雾时间
中性皮肤	25 ~ 30 cm	热喷	3 ~ 5 分钟	1 ~ 2 分钟
油性皮肤	20 ~ 25 cm	热喷	5 ~ 8 分钟	3 ~ 5 分钟
痤疮皮肤	25 ~ 30 cm	冷喷	8 ~ 10 分钟	3 ~ 5 分钟
干性皮肤	30 ~ 35 cm	热喷	8 ~ 10 分钟	最长 3 分钟或不用
敏感皮肤	35 cm	冷喷	5 ~ 8 分钟	禁用
色斑皮肤	30 ~ 35 cm	热喷	10 分钟	禁用
毛细血管扩张皮肤	35 cm	冷喷	5 ~ 8 分钟	禁用

用奥桑喷雾仪进行蒸面护理

操作步骤

步骤 1　仪器准备

（1）注入蒸馏水（或纯净水）。应从喷雾仪上方专用注水口注水，蒸馏水（或纯净水）水位不得超过最高水位线，最低一定要高于电热元件。若没有最高水位线标识，则注入水位应为玻璃烧杯的 4/5 或 2/3 处。水位过高，喷出的蒸汽中可能夹带水珠，会烫伤顾客；水位过低，电热元件会烧坏。

（2）仪器预热。接通电源后，按下普通蒸汽开关，5 ~ 6 分钟后，产生雾状的普通蒸汽，如图 2–38 所示。普通蒸汽产生后，若需进行杀菌、消毒、消炎，则再按下臭氧开关（即奥桑开关）。

图 2–38　按下普通蒸汽开关

步骤 2　顾客准备

用湿棉片将顾客的眼睛盖住，注意眉毛要一并盖住，如图 2–39 所示。

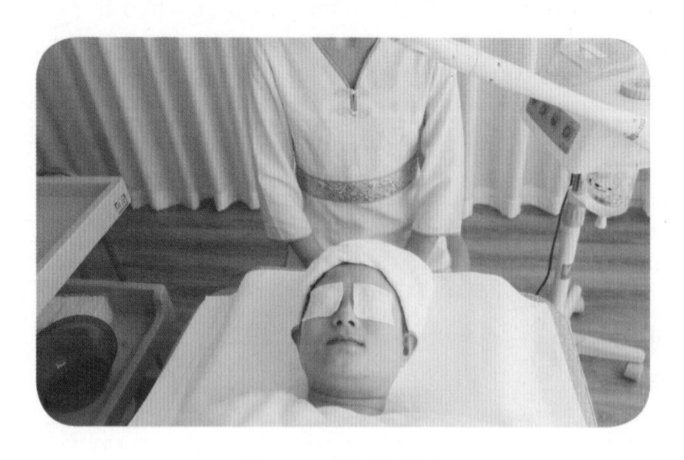

图 2–39　顾客准备

步骤 3　调整仪器

根据顾客的皮肤状况，调整喷雾仪喷口的角度及其与顾客面部的距离，使蒸汽能均匀地喷洒至整个面部，如图 2–40 所示（图仅作示例，实际操作时，应有蒸汽喷出）。

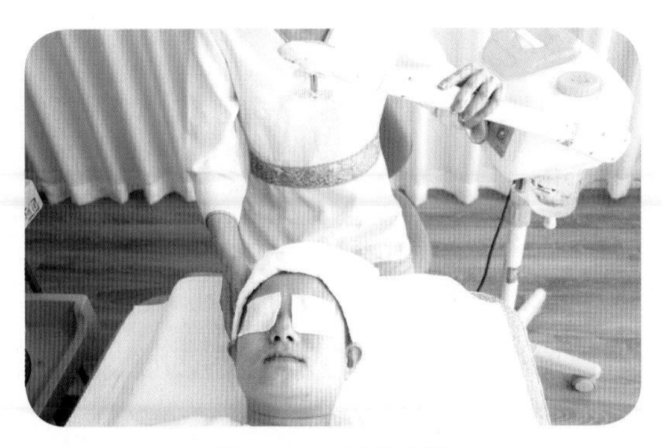

图 2-40 调整仪器

步骤 4 蒸面

根据顾客皮肤状况确定喷雾时间，进行蒸面。在蒸面过程中，应轻声询问顾客对喷雾的感受，确认喷雾覆盖全脸，并按照顾客感受适当调整喷口的角度及其与面部的距离。

综合喷雾仪一般有蒸面时间设定功能。若使用的喷雾仪没有时间设定功能，则可以结合计时器来确认蒸面时间。

步骤 5 结束蒸面

当蒸面时间到时，先关闭臭氧开关（若开启），再关闭普通蒸汽开关，如图 2-41 所示。先将喷口移除，再用覆盖于眼部的棉片把顾客脸上多余的水吸除。

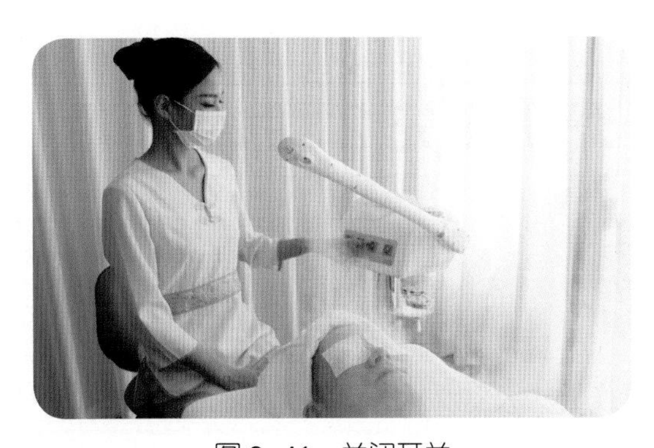

图 2-41 关闭开关

注意事项

1. 在面部护理前的准备工作中，一定要在断开电源的情况下用 75% 酒精对喷雾仪喷口及所有手要接触的部位进行消毒。

2. 注水之前，一定要检查玻璃烧杯是否完好、无裂缝。

3. 注入喷雾仪内的水应为含杂质较少的蒸馏水或纯净水，这样可使热水系统减少结碱，从而延长仪器的使用寿命。如结碱，可在玻璃烧杯中加入白醋，浸泡

24 小时后用软毛刷刷洗干净。

4. 若注入水量过多，且喷雾仪已预热，一定要等玻璃烧杯冷却后再倒出多余的水，以免烫伤。

5. 蒸汽出来前，不要将喷口朝向顾客；蒸汽出来后，先用手掌感受蒸汽，检查喷口喷出的蒸汽是否均匀、微细，再把喷口移向顾客面部。

6. 当发现喷雾不均匀或有水滴喷出时，必须停止使用，以免烫伤顾客，发生美容事故。

7. 调整喷口的角度，避免蒸汽直射顾客鼻孔，否则会令顾客产生呼吸不畅、气闷的感觉。

8. 依据顾客皮肤性质掌握喷雾种类和时间，热喷最长不得超过 15 分钟，以免造成皮肤脱水；冷喷最长可以在 20 分钟左右。冬季热喷时间可以稍长些，夏季热喷时间应稍短些。

9. 色斑皮肤、敏感皮肤、毛细血管扩张皮肤均不宜使用奥桑喷雾，以免引起过敏或加重皮肤问题。

10. 美容院实际护理时，可以在蒸面的同时为顾客做头部或肩颈部放松按摩。

11. 切断电源及将喷雾仪摆放至规定位置的操作将在面部护理结束工作中进行。

培训单元 2　按　　摩

掌握面部按摩的操作要求及功效。

了解面部按摩的常用穴位。

能对面部进行基础按摩。

面部按摩是指美容师按照肌肤生理特点用双手在顾客的面部进行的一系列柔和的机械运动。面部按摩会对肌肤产生良性的物理刺激，可以使面部肌肤的生理状况得以改善，促进分泌和新陈代谢，是一种安全、舒适、有效的抗衰老手段。

一、按摩在面部皮肤护理中的作用

1. 平衡阴阳，疏通经络

在中医理论中，人体的体表部位对应人体的内脏或某一部位（即人体反射区），皮肤的状态与内脏功能有密切的关系。面部按摩可通过不同的手法刺激面部特殊部位及穴位，在局部疏通经络、行气血，并通过经络、气血影响身体的内脏或某一部位，达到平衡阴阳、脏腑、气血的作用，从而使皮肤的状态得到改善。

2. 促进皮脂腺、汗腺分泌，加速皮肤细胞新陈代谢

按摩可以加速皮肤血液循环，促进腺体分泌，清除衰亡的上皮细胞，使分裂细胞加速替补老化脱落的角质细胞，提高皮肤的弹性、滋润度和光泽度，同时还能改善皮肤的呼吸与吸收功能，使皮肤保持正常的生理状态。

3. 减脂排毒

按摩能增加局部组织的耗氧量，增强皮肤的呼吸功能，加强氧气的吸收，加速二氧化碳等代谢废物与有害毒素的排出，减少皮下组织内脂肪细胞个体体积。

4. 减缓衰老

按摩属于被动运动，持之以恒地进行按摩能有效去除皮下多余的水分，改善皮肤松弛和肿胀的现象，使皮肤更具弹性、更紧致，有效延缓衰老。

5. 放松神经

有节奏的按摩可以对皮下神经起到良性的刺激作用，减轻肌肉的疼痛感和紧张感，使神经得到舒缓，从而缓解顾客的压力，消除顾客的疲劳。

二、面部按摩的基本原则与要求

1. 基本原则

（1）按摩应从下向上进行。由于地心引力及年龄增长，肌肤容易松弛、下垂，因此按摩应从下向上进行（向上带力提升，向下轻轻滑行），否则会加重肌肤下垂，加速皮肤衰老。

（2）按摩应从里向外、从中间向两边进行，尽量将面部的皱纹展开。

（3）按摩方向应与肌肉走向一致，与皮肤皱纹方向垂直。由于肌肉走向与皮肤皱纹方向一般是垂直的，因此按摩走向与皮肤皱纹方向垂直就能保证其与肌肉走向基本平行一致。

（4）按摩应尽量减少肌肤位移。当肌肤发生较大位移时，过度、持续的张力会使肌肤松弛，加速衰老。因此，在进行按摩时，要尽量减少肌肤较大幅度的位移。使用足量的按摩介质可有较防止肌肤产生较大的位移。

2. 基本要求

（1）按摩的动作要熟练、准确，并配合面部不同部位的肌肉状态变换手形。

（2）按摩时，应建立平稳的节奏。

（3）按摩要先慢后快、先轻后重，要有渗透性。

（4）要根据面部的不同部位调整按摩力度，特别注意眼周部位用力要轻。

（5）要根据面部的不同部位和状况合理分配按摩时间，全脸按摩时间以10～15分钟为宜。

三、按摩的基本方法

按摩的基本方法分为人工按摩和仪器按摩两种。

1. 人工按摩

人工按摩是指借助美容师灵巧的双手，通过运用规范专业的手法对顾客肌肤进行有规律、有节奏的系列运动，释放体内毒素，有效改善肌肤不良状态，使肌肤发挥正常的生理功能。

2. 仪器按摩

仪器按摩是指利用电动按摩仪器对肌肤进行接触性按摩，通过高频振动来刺激皮肤，促进皮肤的血液循环，增加对皮肤的营养供给，并刺激皮肤深层组织，使肌肤滋润而富有弹性。

四、面部按摩的常用穴位

人体穴位众多，每个穴位都有其独特的功能。生活中常出现的头痛、牙痛、肩部疼痛、腰椎酸痛等都可以通过按摩穴位得以缓解。

面部按摩的常用穴位见表2–5。面部按摩常用穴位图如图2–42所示。

表2–5　面部按摩的常用穴位

名称	位置	主治
印堂穴	两眉头的中点	痤疮等
太阳穴	眉梢与眼外眦连线的中点向后移1寸左右凹陷处，左、右各一个	眼角皱纹、黄褐斑等

续表

名称	位置	主治
睛明穴	眼内眦上方 0.1 寸，靠近眶骨内侧缘，左、右各一个	眼角皱纹等
攒竹穴	两眉头内侧凹陷处，眼内眦直上方取穴	雀斑、眼睑下垂等
鱼腰穴	眉毛中点处	面部皱纹、额部斑块、额部痤疮等
丝竹空穴	眉毛外端，眉梢凹陷处	眼角皱纹、黄褐斑等
承泣穴	瞳孔直下 0.7 寸处，眶骨边缘	眼睑浮肿、眼袋等
瞳子髎穴	眼外眦外端，眶骨边缘	眼角皱纹、黄褐斑、额部痤疮等
四白穴	瞳孔直下 1 寸处	雀斑、黄褐斑、面部皱纹等
球后穴	下眼眶骨缘靠外眼角 1/4 处	眼角皱纹、雀斑、黄褐斑、眼袋等
迎香穴	鼻翼外缘中点旁开 0.5 寸	鼻炎、鼻塞等
巨髎穴	四白穴直下方，与鼻翼下缘齐平	颊肿、齿痛等
颧髎穴	外眼角直下，颧骨下缘	颊肿、唇肿等
颊车穴	下颌角前上方约一横指，上、下齿用力咬紧，当咬肌隆起，上方按之凹陷处	面肿、痤疮等
耳门穴	耳屏上切迹前，下颌骨髁状突出的后缘，张口凹陷处	口周肌肉痉挛、耳聋、耳鸣等
听宫穴	在耳屏前缘中间与下颌关节之间的凹陷处	耳聋、耳鸣、牙痛等
听会穴	耳屏下切迹前，下颌骨髁状突出的后缘，张口凹陷处	耳聋、耳鸣、腮肿等
翳风穴	耳垂后方凹陷处	耳聋、耳鸣、牙痛等
人中穴	人中沟的上 1/3 与中 1/3 交界处，又称水沟穴	面肿、唇肿、痤疮等
承浆穴	位于颏唇沟中点处	面肿、口疮等
地仓穴	口角旁开 0.4 寸	面瘫等
下关穴	颊部，耳前，颧弓下缘凹陷处	耳聋、耳鸣、牙痛、头痛、牙关开合不利、口眼斜等
上关穴	颊部，耳前，下关直上，颧弓上缘凹陷处	耳聋、耳鸣、牙痛、头痛等

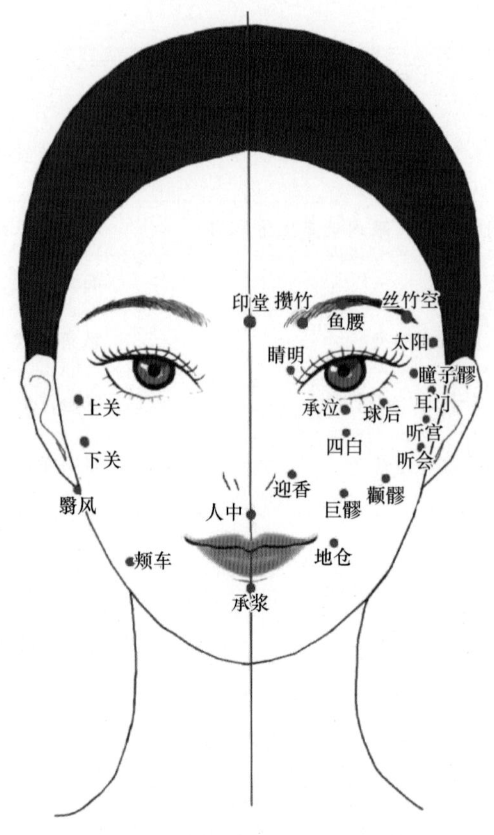

图 2–42　面部按摩常用穴位图

五、面部按摩手法

常用的人工面部按摩基本手法如下。

1. 按抚法

（1）按摩方法。手指或手掌以一定力度有节奏地在皮肤表面上滑行，如图 2–43 所示。

（2）作用。按抚法多用于按摩开始、结束和动作之间连接时。用于按摩开始时，起到让顾客适应按摩的作用；用于按摩结束时，起到安抚神经的作用。

（3）注意事项

1）根据按摩部位的大小选择使用手指或手掌。

2）动作要轻缓、平稳、柔和，必要时可带有一定的压力。

2. 抹法

（1）按摩方法。手指或手掌轻柔地在皮肤表面上进行单向移动，如图 2–44 所示。

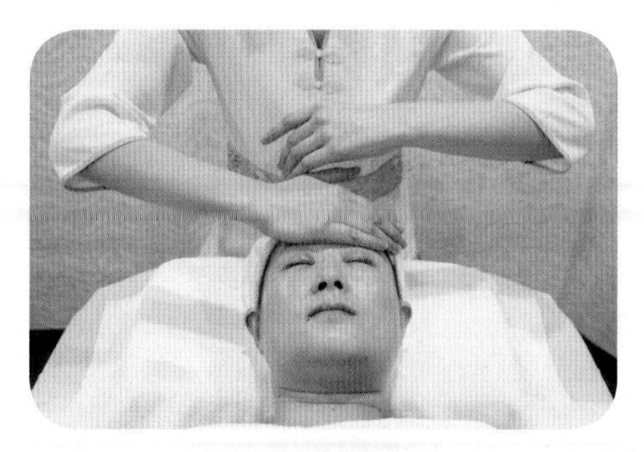

图 2-43　按抚法

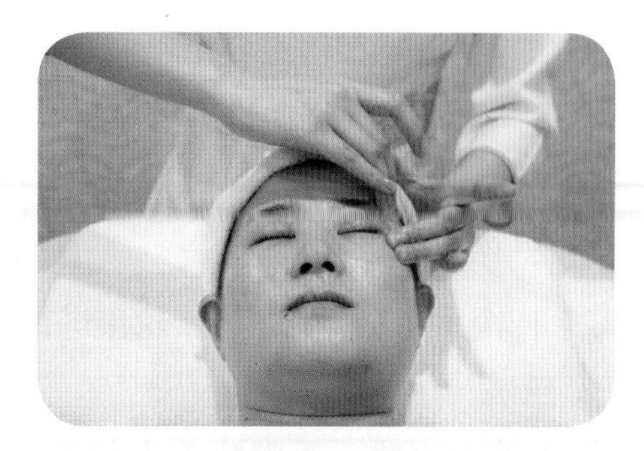
图 2-44　抹法

（2）作用。抹法多用于按摩眼部皮肤、松弛皮肤、敏感皮肤、浮肿皮肤等。向斜上方移动时，起到提升松弛皮肤的作用；由中间向两边移动时，起到促进面部淋巴循环的作用。

（3）注意事项

1）用力轻柔连贯。

2）移动路线为单向。

3. 打圈法

（1）按摩方法。腕关节带动手指运动，用指腹在面部皮肤上打圈，如图 2-45 所示。

（2）作用。打圈法多用于对局部进行按摩，有减缓、防止衰老的作用。

（3）注意事项。注意打圈的方向，除鼻翼外，均为自下而上、由内向外进行打圈，鼻翼处为自上而下、由外向内进行打圈。

4. 轮指法

（1）按摩方法。双手先分别置于顾客两耳侧，食指至小指依次快速收提，轮流用四指指腹对面颊进行轻轻轮刮，如图 2-46 所示。

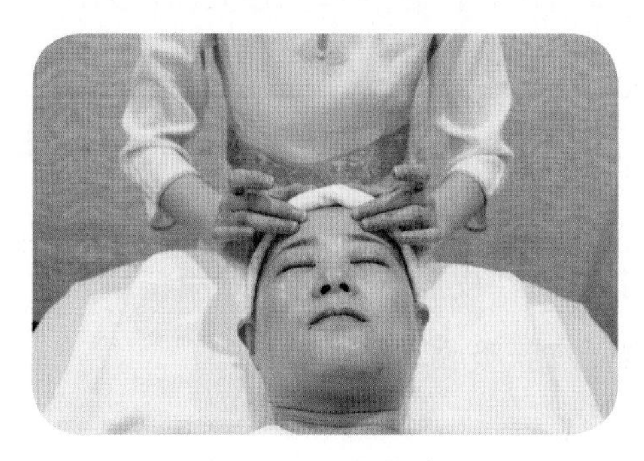
图 2-45　打圈法

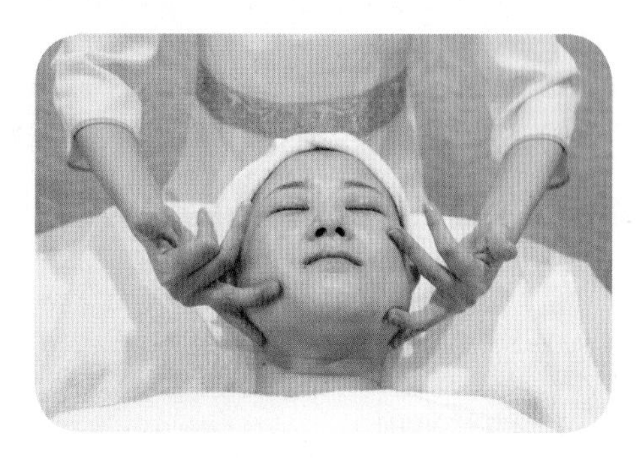
图 2-46　轮指法

（2）作用。轮指法主要用于面颊，有防止面部肌肉松弛、下垂，帮助恢复肌肉弹性，从而帮助恢复皮肤弹性与紧实度的作用。

（3）注意事项

1）动作要有连贯性。

2）四个手指尽可能张开，轮流进行拨弹。

5. 压法

（1）按摩方法。手掌或手指进行局部施压。压法可分为掌压法和指压（点穴）法。

1）掌压法。掌压法是指手掌贴于相应部位进行施压，如图 2–47 所示。注意调整呼吸后施压。

2）指压法。指压法是指用指腹垂直用力或相对用力进行施压，如图 2–48 所示。

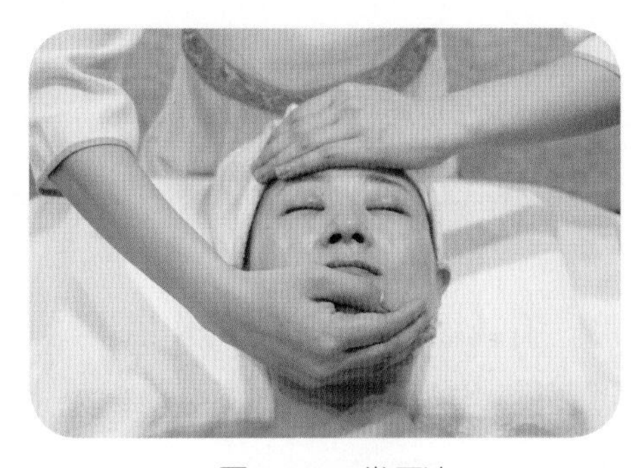

图 2–47　掌压法

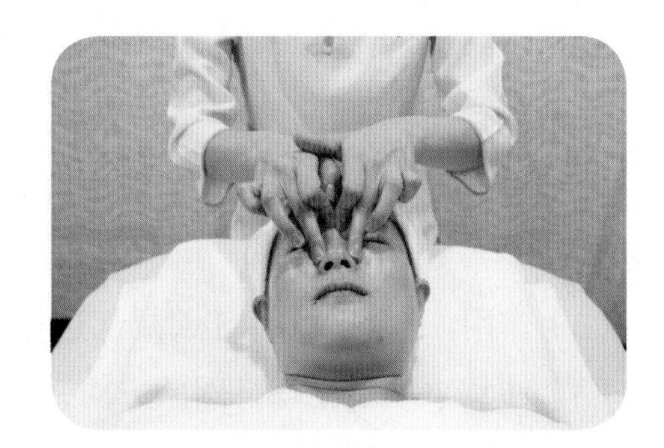

图 2–48　指压法

（2）作用。压法多用于穴位与额部，起到深层刺激、调节气血、舒筋活络的作用。

（3）注意事项。应调整呼吸后施压，由浅入深，由轻到重，忌突然发力。

6. 捏按法

（1）按摩方法。拇指、食指（或拇指、中指）有节奏地快速提捏肌肉，对局部组织产生适当的压力，如图 2–49 所示。

（2）作用。捏按法主要用于面颊、额部或油性皮肤，应配合使用精华素。捏按法有疏通皮脂腺导管、促进皮脂分泌、增强皮肤吸收功能的作用。

（3）注意事项

1）受力皮肤的面积应适中。

2）捏按法的重点是提，不是捏。

3）动作要轻快、连续。

4）眼部按摩禁用捏按法。

7. 扣抚法

（1）按摩方法。手指或指掌有节奏地快速敲击。扣抚法包括点弹法和拍叩法。

1）点弹法。双手四指放松，力度均匀，轻轻点弹于眼周、面颊，如图 2–50 所示。

2）拍叩法。整个手掌、手腕，或指尖、掌侧小鱼际一起一落地进行有节奏的拍叩，一般不用于面部按摩。

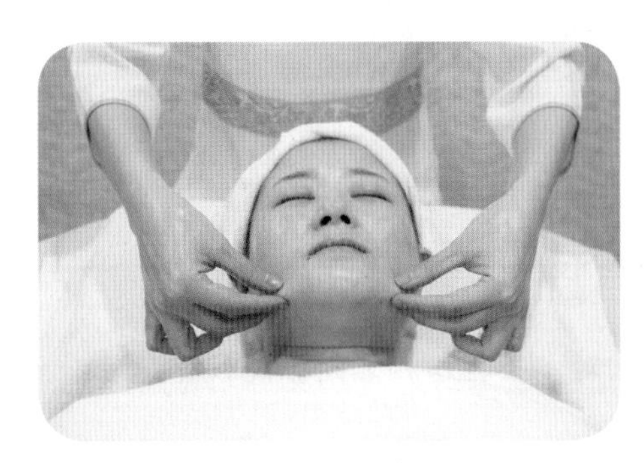

图 2–49 捏按法

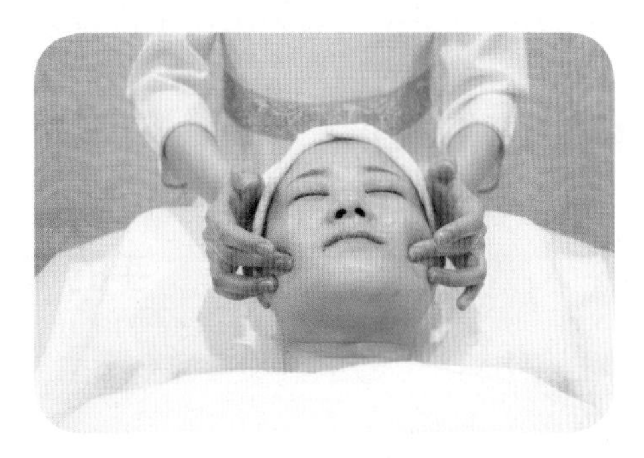

图 2–50 点弹法

（2）作用。扣抚法能使肌肉结实，增加皮肤弹性，使局部得到放松，除可应用于面部外，还可应用于肩、背、手臂。

（3）注意事项。扣抚法为按摩中较刺激的手法，因此不能用于按摩的开始和结束。

8. 揉捏法

（1）按摩方法。一边用手指捏起皮肤，一边进行局部揉动，如图 2–51 所示。

（2）作用。揉捏法的力量渗透性强，可促进血液循环、放松紧张肌肉、强健肌肤。

（3）注意事项。面部按摩中，揉捏法一般适用于耳部，不适用于面颊等部位。揉捏法也可运用于肩部等身体部位。

9. 震颤法

（1）按摩方法。前臂、手部肌肉迅速收缩，使手掌产生震动并将力传导至肌肤，如图 2–52 所示。

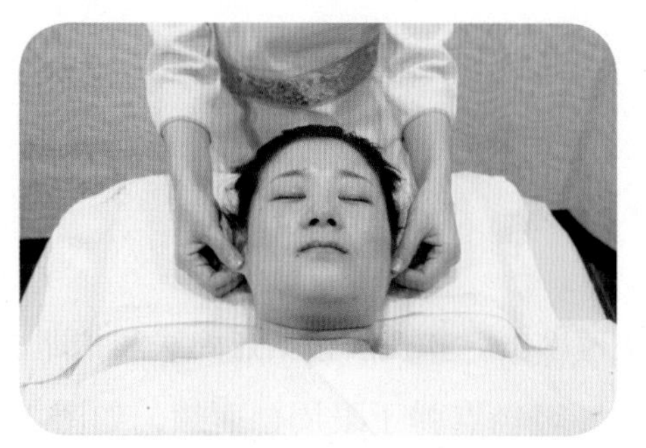

图 2–51　揉捏法

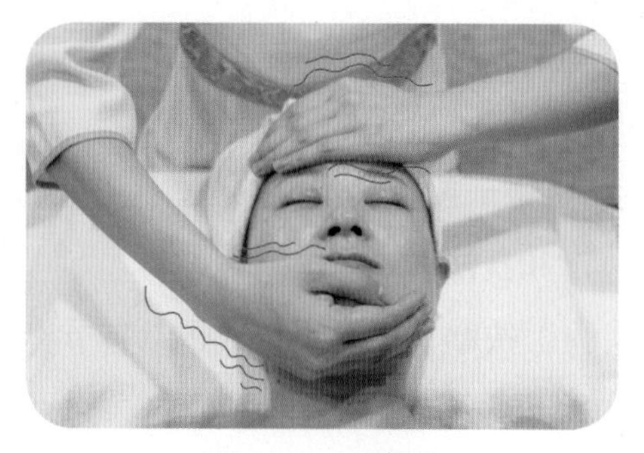

图 2–52　震颤法

（2）作用。震颤法在肌肤不产生位移的情况下，使肌肤深层产生震动，从而使面部得到全面放松，消除疲劳。

（3）注意事项。震颤法用于按摩即将结束时。

相关链接

手的横位与竖位

手横位：两臂自然外张，双手指尖相对，手指与顾客两眼连线平行的手位称为手横位。

手竖位：两臂自然收紧，双手指尖朝向床尾部，手指与顾客鼻梁平行的手位称为手竖位。

打竖圈与打横圈

打圈一般用中指和无名指指腹。打圈按照所划圆圈的形状分为打竖圈和打横圈。竖圈为左右长度小于上下长度的椭圆形，多用于额头和太阳穴；横圈为上下长度小于左右长度的椭圆形，多用于眼底、脸颊、下颌等，如图 2–53 所示。

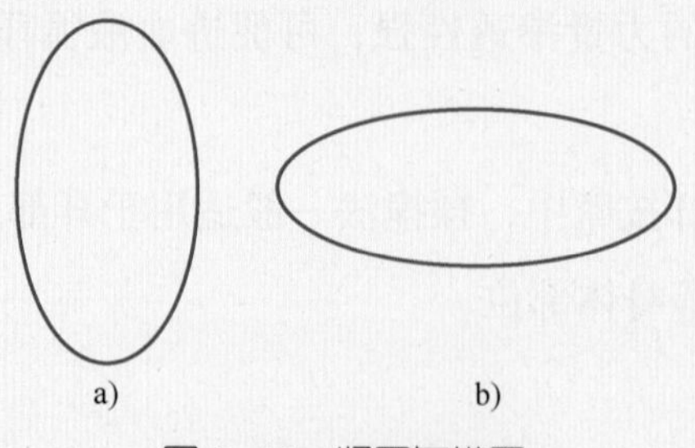

图 2–53　竖圈与横圈

a）竖圈　b）横圈

六、美容师按摩手操

美容师在用双手为顾客进行按摩时，手的动作要做到灵活地适应人体各部位的变化，根据体表位置及皮肤状态的不同，调整按摩的手法及力度，并保持平稳的节奏，这就要求美容师的双手具有良好的灵活性与协调性。经常做按摩手操可以训练美容师的双手，并帮助美容师保持良好的手形。

1. 手部灵活性训练

手部灵活性训练包括：

（1）腕关节灵活性训练；

（2）指关节及掌指关节灵活性训练；

（3）指形训练；

（4）手部韧带训练。

2. 手部协调性训练

手部协调性训练包括：

（1）多指交替点击训练；

（2）正向轮指训练；

（3）反向轮指训练；

（4）外向轮指训练。

七、面部按摩注意事项与禁忌

1. 注意事项

（1）按摩前，一定要做好面部清洁。

（2）应帮助顾客尽量放松。

（3）手腕应保持柔软、灵活，手掌应保持温暖。

（4）使用适量的按摩产品，以保持皮肤滑润、舒适。

2. 禁忌

有以下情况之一者，禁止进行面部按摩：

（1）皮肤严重敏感或正处于过敏期者；

（2）毛细血管严重扩张、破裂者；

（3）皮肤有急性炎症、伤口，或严重痤疮者；

（4）有皮肤传染病如扁平疣、黄水疮者；

（5）严重哮喘病发作者；

（6）骨节肿胀、腺体肿胀者。

技能要求

面部按摩

操作步骤

步骤1　涂抹按摩产品

将按摩产品涂抹于顾客的额部、鼻部、下颌部、双颊部（五点法），或将按摩产品在手心均匀揉搓开，用双掌抹匀。

步骤2　按抚

两手掌相对，放于顾客额中，轻轻打开滑至太阳穴，沿下眼眶绕到内眼角，再滑向鼻翼，绕口周到达下巴，双掌往下轻揉两圈后，两手分开沿下巴上提至太阳穴，如图2–54所示，在太阳穴打圈，点按太阳穴。

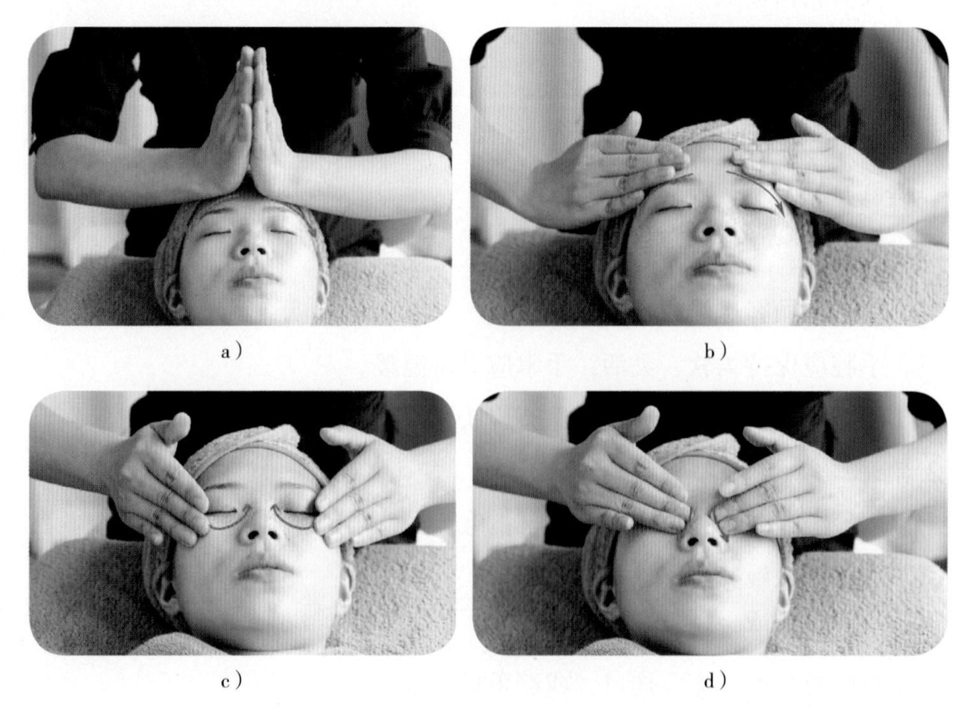

a）　b）

c）　d）

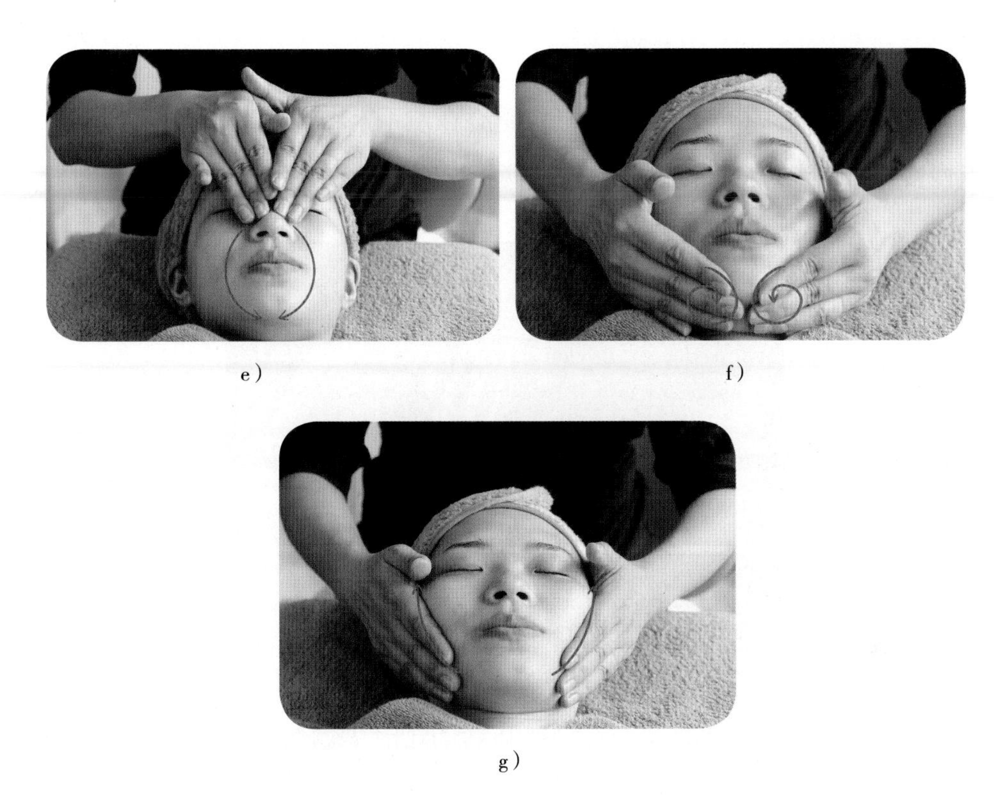

e）　f）　g）

图 2-54　按抚

a）两手掌相对，放于顾客额中　b）轻轻打开滑至太阳穴　c）沿下眼眶绕到内眼角　d）滑向鼻翼
e）绕口周到达下巴　f）双掌往下轻揉两圈　g）两手分开沿下巴上提至太阳穴

步骤 3　额部按摩

（1）双手横位，先用右手中指点按右侧太阳穴，再由右侧太阳穴开始，左手食指、中指分开，右手中指、无名指并拢（在发际线与眉骨之间的狭窄部位，可只用中指），在左手食指、中指之间打竖圈，一直这样移至左侧太阳穴，如图 2-55 所示。之后，用右手中指点按左侧太阳穴后，双手同时轻滑回右侧太阳穴。

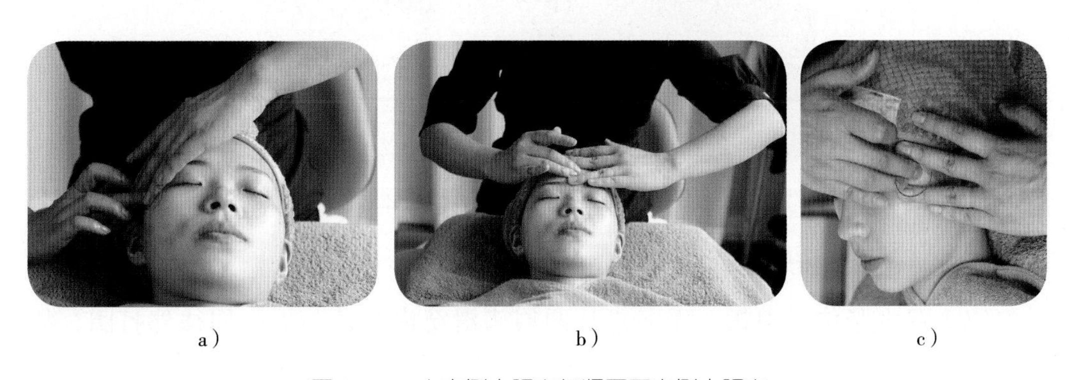

a）　b）　c）

图 2-55　由右侧太阳穴打竖圈至左侧太阳穴

a）由右侧太阳穴开始打竖圈　b）打竖圈移动　c）移至左侧太阳穴

（2）在额部两眉头之间的印堂穴处，左手竖位，中指、无名指将鼻根部“川”字纹舒展开，右手中指、无名指以竖位重叠在左手上，以两眼内眼角连线中点为起点慢慢垂直向上打横圈至额中，左手两指同时移动，如图 2–56 所示。

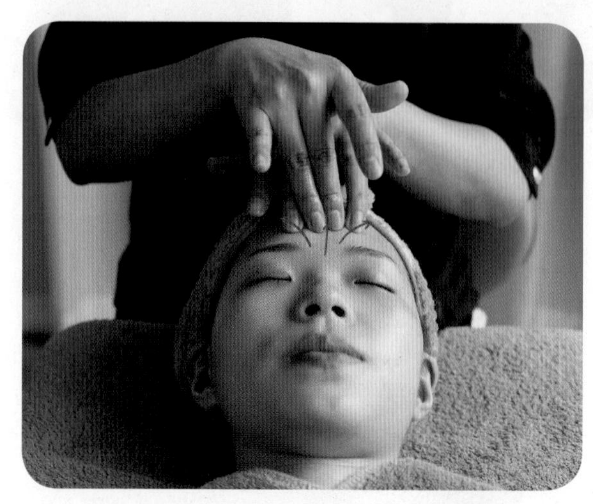

图 2–56 由内眼角连线中点垂直向上打横圈至额中

（3）双手横位，全掌着力，交替按抚额部至前发际处，如图 2–57 所示。

图 2–57 交替按抚额部至前发际处

步骤 4 眼部按摩

（1）双手竖位，中指、无名指从两眉头滑至内眼角，沿眼周往外打圈，如图 2–58 所示。

图 2-58　沿眼周往外打圈

（2）双手横位，中指、无名指并拢，沿眼周走“∞”字，如图 2-59 所示。

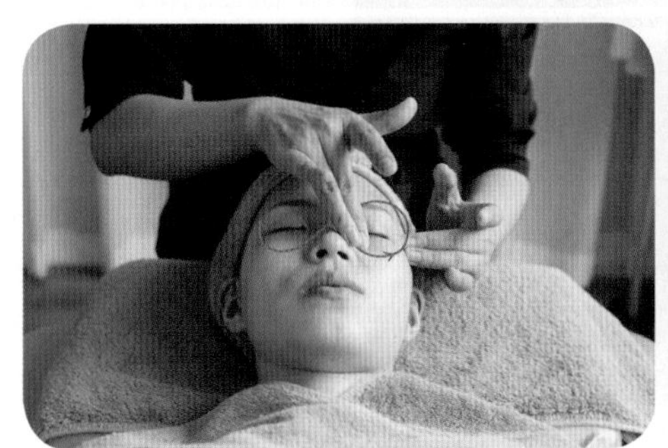

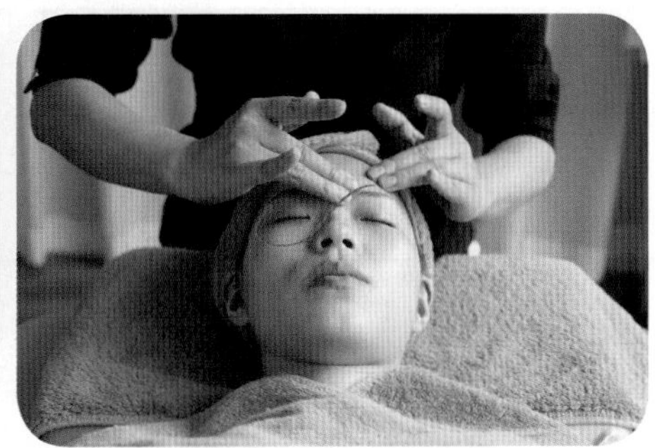

图 2-59　沿眼周走“∞”字

（3）食指、中指轻轻舒展开眼尾，另一手的中指、无名指在眼尾处打竖圈，以预防和减少鱼尾纹生成，如图 2-60 所示。

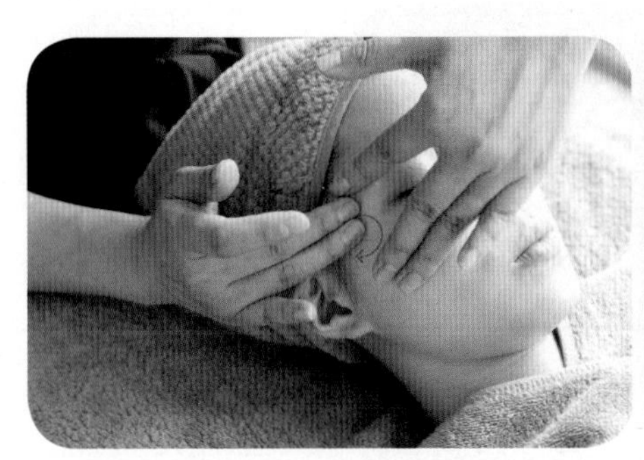

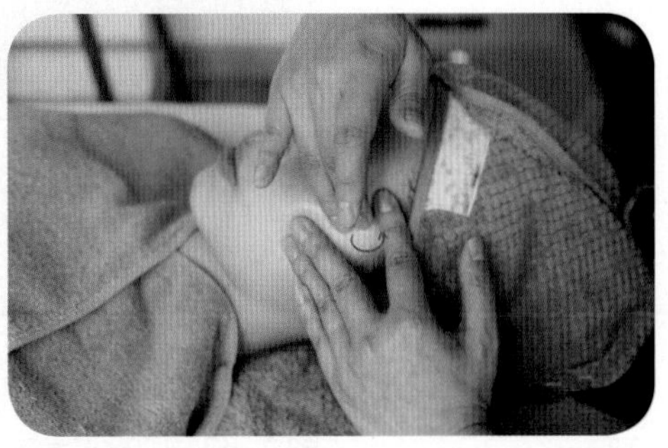

图 2-60　在眼尾处打竖圈

步骤 5　鼻部按摩

（1）双手竖位，两手拇指交叉，中指从鼻根部沿鼻梁两侧向下推鼻部，到鼻尖处向下顺着鼻翼由内往外打一圈，点按迎香穴后，再沿鼻梁两侧拉回鼻根部；

中指、无名指沿鼻翼由内往外打圈，如图 2–61 所示。

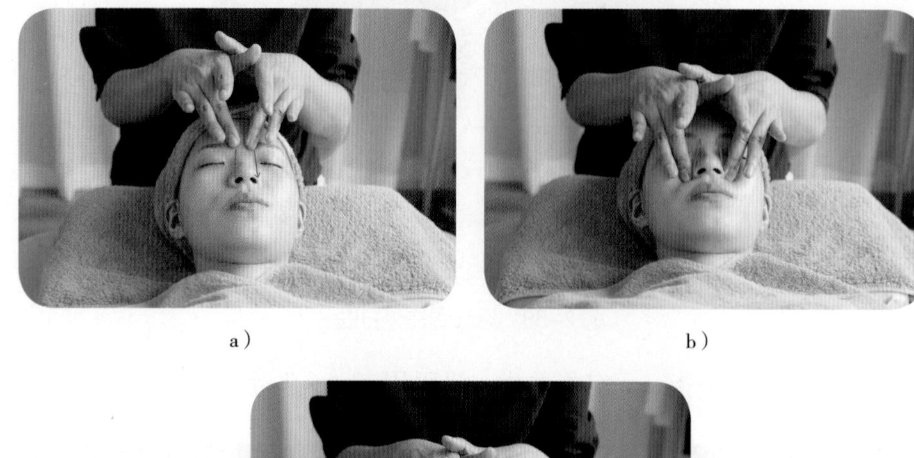

a） b）

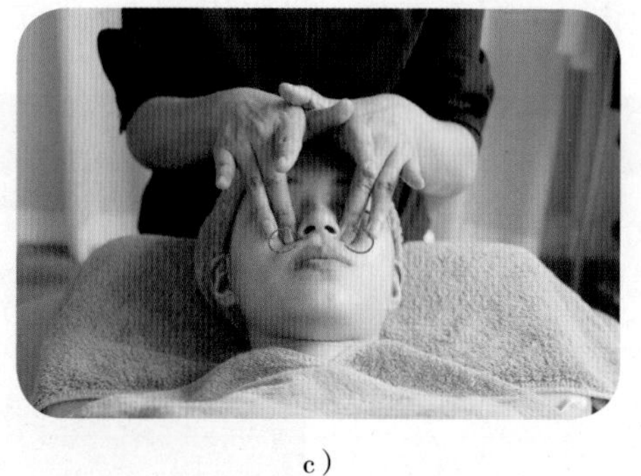

c）

图 2–61　上下推拉与打圈按摩

a）向下推　b）向上拉　c）沿鼻翼由内往外打圈

（2）双手横位，中指、无名指交替向下按抚鼻梁，如图 2–62 所示。

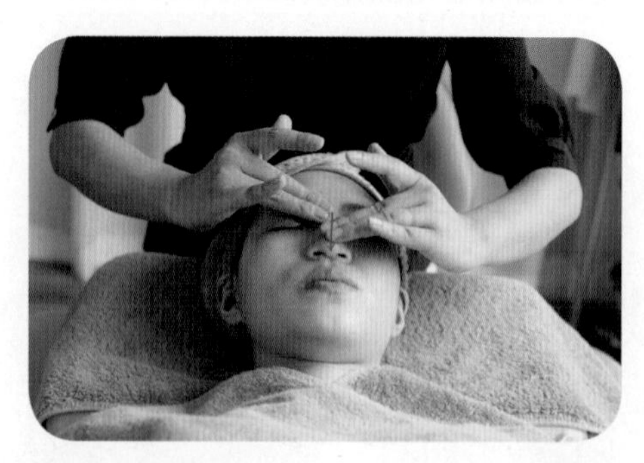

图 2–62　中指、无名指交替向下按抚鼻梁

步骤 6　面颊部按摩

（1）双手中指、无名指沿脸颊分三条线（上、中、下）进行螺旋向上打圈按摩，并按压终点穴位，如图 2–63 所示。上线为鼻翼旁至上关，最终按压上关穴；中线为嘴角至听宫，最终按压听宫穴；下线为下颏至耳垂，最终按压翳风穴。

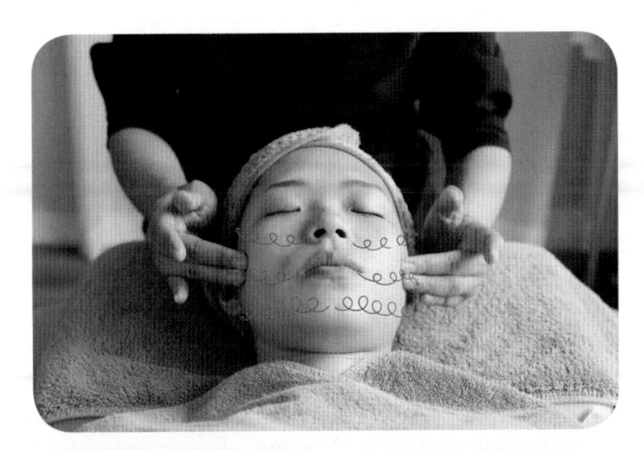

图 2-63　中指、无名指沿脸颊分三条线打圈

（2）双手拇指、中指（也可用拇指、食指）沿脸颊分三条线（同上段中的三条线）快速提捏局部肌肤，如图 2-64 所示。

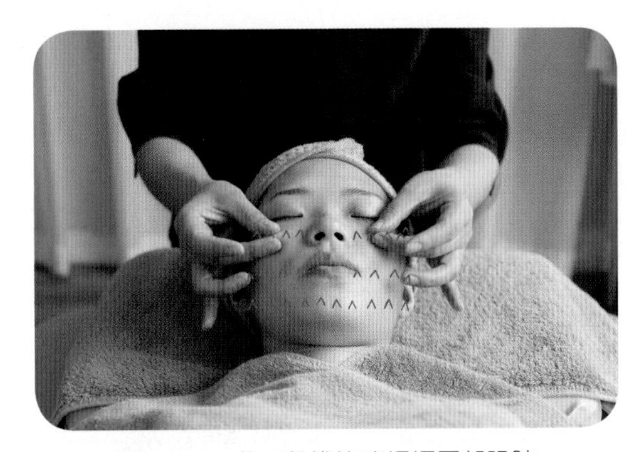

图 2-64　分三条线快速提捏局部肌肤

（3）双手呈半握拳状，用大鱼际依次沿下颏、口周、颧骨、颊部向上打圈，如图 2-65 所示。

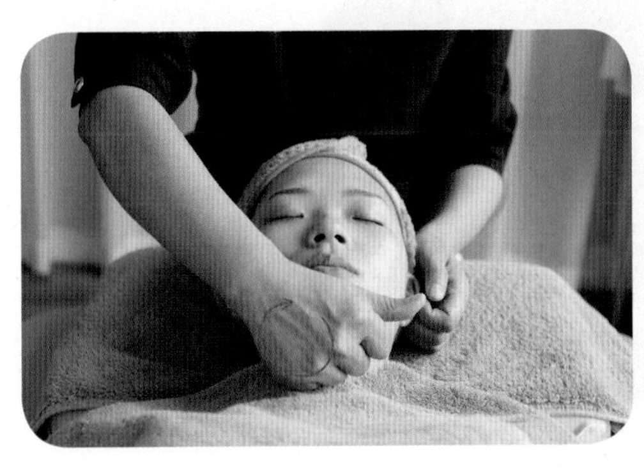

a）

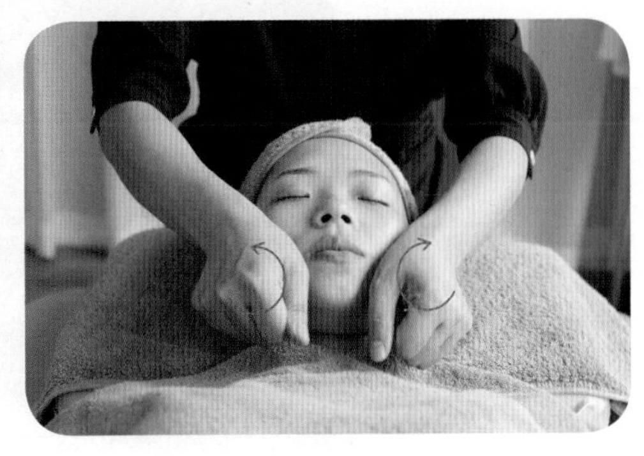

b）

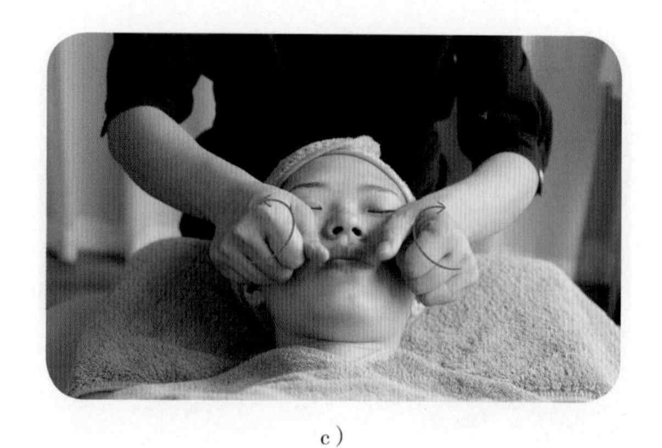

c）

图 2–65　沿下颏、口周、颧骨、颊部向上打圈

a）下颏打圈　b）口周打圈　c）颧骨、颊部打圈

（4）双手的四指（除大拇指外）由下至上轮刮轻弹面颊两侧，如图 2–66 所示。

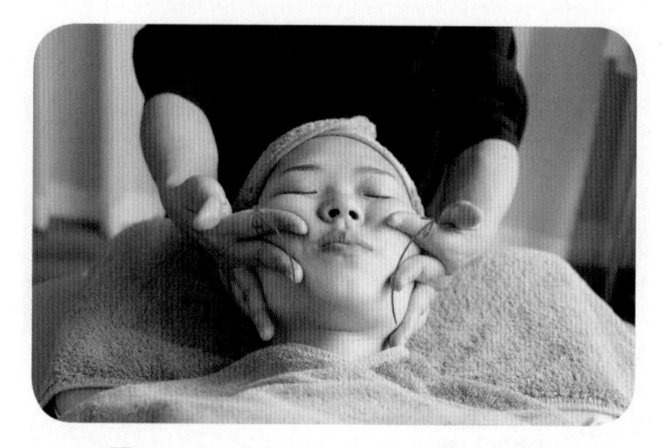

图 2–66　由下至上轮刮轻弹面颊两侧

步骤 7　下颌、颈部按摩

（1）双手四指托住下颌，两手大拇指交替向下按摩下巴尖处，如图 2–67 所示。

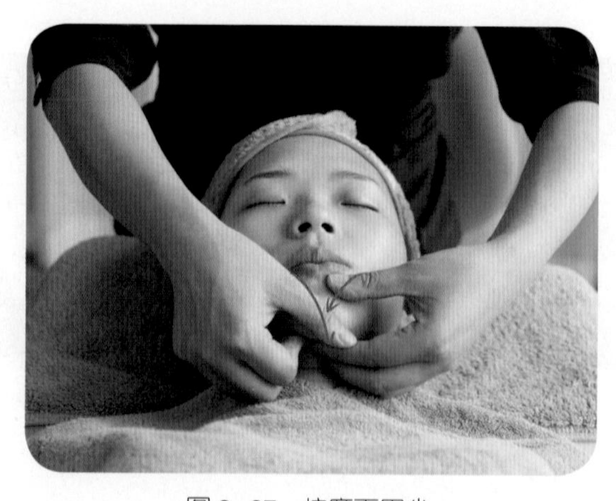

图 2–67　按摩下巴尖

（2）五指并拢，右手固定于右耳侧，左手贴紧下颌右侧皮肤，从右侧耳根拉抹到左侧耳根后静置不动；再交换双手姿势，用右手从左侧耳根拉抹至右侧耳根，如图 2–68 所示。

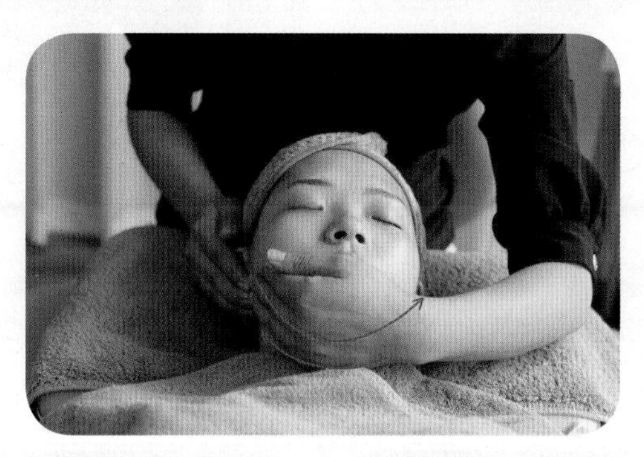

图 2–68　横向拉抹下颌

（3）四指并拢，从一侧到另一侧纵向拉抹颈部，如图 2–69 所示。

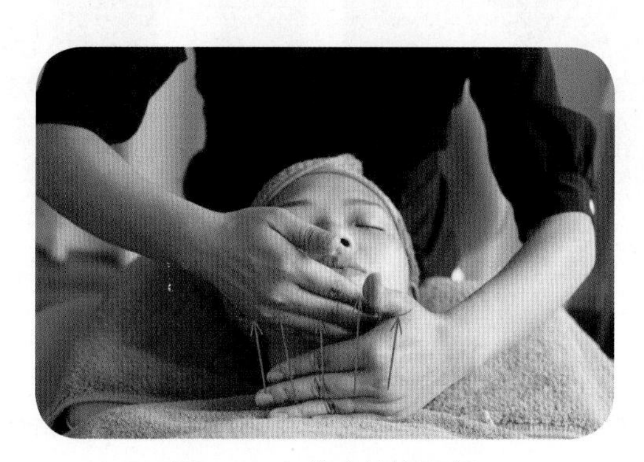

图 2–69　纵向拉抹颈部

步骤 8　结束按摩

（1）双手横位，一手放在额部，另一手托住下巴，全掌着力，用震颤法做震颤按摩，如图 2–70 所示，双手交替做。

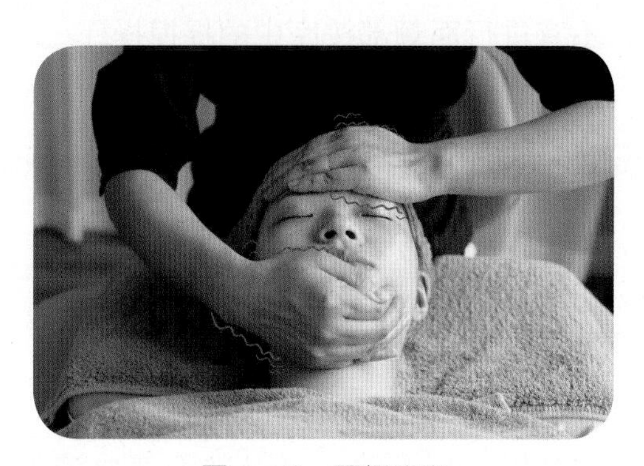

图 2–70　震颤按摩

（2）双手横位，交替由眉上至发际缓慢拉抹，渐移至两额角，双手贴面颊轻轻滑下至下颏处，渐渐离于下颏皮肤，结束全部按摩动作，如图 2–71 所示。

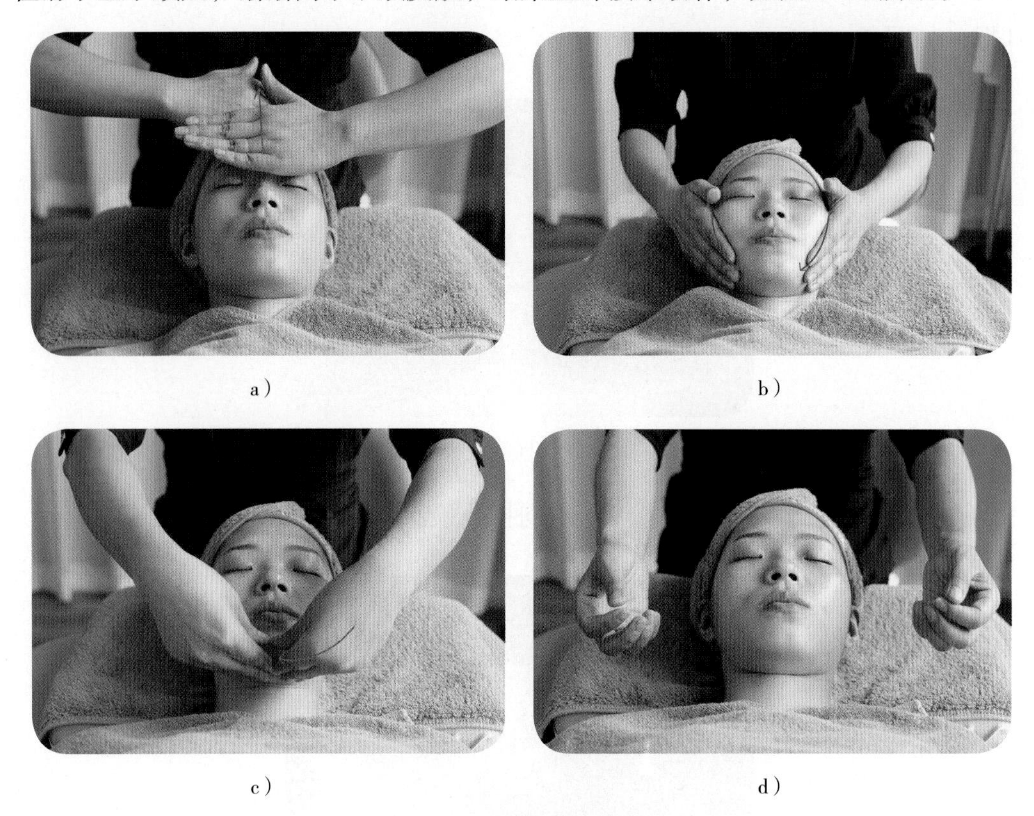

a）　b）　c）　d）

图 2–71　最后结束动作

a）由眉上至发际缓慢拉抹　b）双手贴面颊　c）轻滑至下颏　d）渐渐离于下颏皮肤

步骤 9　面部清洗

用温水将顾客面部多余的按摩产品洗净，准备进行下一护肤流程。

注意事项

1. 以上按摩手法每节需重复 2 ~ 3 次，方能达到按摩的目的。
2. 对于敏感皮肤，不宜进行面颊部按摩中的提捏操作。

按摩手操（美容师手部灵活性训练）

操作步骤

步骤 1　腕关节灵活性训练

（1）甩手。两臂相对弯曲，前臂平端，十指指尖向下，掌心朝向自己，双手在胸前做快速上下甩动及左右甩动，以促进手部血液循环，活动腕部关节，如图 2–72 所示。

（2）旋腕。两臂相对弯曲，十指相互交叉对握，如图 2–73 所示，旋转活动腕关节。

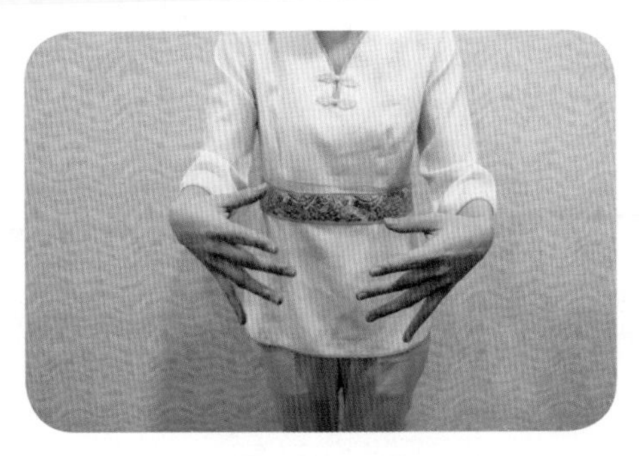
图 2–72　甩手

图 2–73　旋腕

步骤 2　指关节及掌指关节灵活性训练

（1）单指高抬点击。五指自然分开，指微曲，掌心向下，五个手指指尖分别点于桌面或膝盖上。任抬起一指，有节奏地快速点击桌面或膝盖，如图 2–74 所示。指尖应尽量抬高；尽力加快点击速度；除做点击运动的手指外，其他手指不能移动，不能离开桌面或膝盖。五个手指依次点击，训练指关节及掌指关节的灵活性。

（2）单指三点定位点击。五指自然分开，指微曲，掌心向下，五个手指指尖分别点于桌面或膝盖上。任抬起一指，分别按顺时针或逆时针方向依次有节奏地快速定位点击上方、左下、右下三点（三点连线呈三角形），如图 2–75 所示，循环点击。指尖应尽量抬高；点击动作应连贯；尽力加快点击速度；除做点击运动的手指外，其他手指不能移动，不能离开桌面或膝盖。五个手指依次点击，训练指关节及掌指关节的灵活性，特别训练指尖到位的能力。

图 2–74　单指高抬点击

图 2–75　单指三点定位点击

步骤 3　指形训练

双手十指相互交叉于指根部。右手微握拳，五指用力压向左手指根部，同时用力向左手指尖拉抹，如图 2–76 所示。多次重复后，左、右手交换动作。

步骤 4　手部韧带训练

（1）“抛球”。两臂自然弯曲，上臂保持下垂，前臂向上抬起，双手微握，想象手中各紧握一个小球，如图 2–77 所示。甩动前臂，用力将想象中的小球“抛出”。“抛出”时，手指尽力张开向手背方向绷紧。如此多次重复，可抻拉掌部韧带，活动手指、指掌、手腕关节，使之强健有力。

图 2–76　指形训练

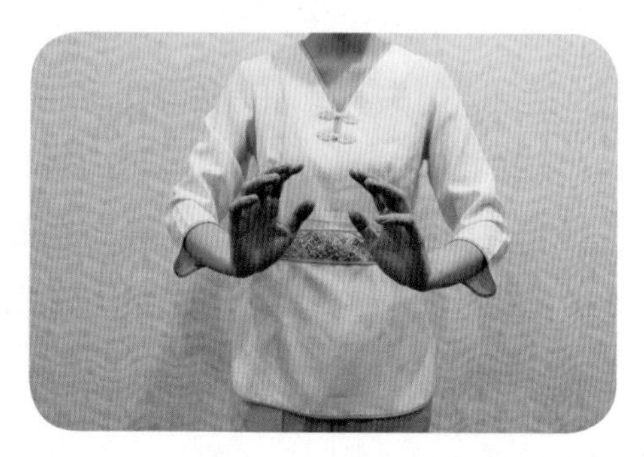
图 2–77　“抛球”

（2）双掌对推。大臂抬起，前臂放平，双手指尖向上，在胸前合十，右手腕用力向左边推，右手手指用力将左手手指有节律地推向左手手背方向，如图 2–78 所示。重复数次后，左、右手交换动作。如此交替左、右推掌，可以运动双手手掌、手腕，并抻长韧带，增强手的灵活性。

（3）抻拉韧带。双手交叉对握，左手前臂向上竖直立起，右手指根分别卡住左手指端，同时右手指尖用力点住左手掌指关节。右手大臂带动前臂做有节律的波浪形摆动，抻拉手背部韧带；右手指尖点住左手掌指关节，有节律地向手心方向带，同时，尽力将右手指根部向上抬起，抻拉手掌部韧带，如图 2–79 所示。

这节手操的用力方向复杂，在训练时，注意动作的协调性，几个方向的力应同时作用。波浪形摆动动作要循序渐进，慢慢加力，不可突然用力过猛。

图 2-78 双掌对推

图 2-79 抻拉韧带

按摩手操（美容师手部协调性训练）

操作步骤

步骤 1 多指交替点击训练

双手手指自然弯曲，十指指尖点于桌面或膝盖上，双手同时由大拇指至小拇指依次快速点击桌面或膝盖，如图 2–80 所示，然后反方向操作一遍。点击时，十指力度均匀，速度一致，并逐渐加快速度。如此反复训练，可增强手指间的协调性。

步骤 2 正向轮指训练

双手掌指关节微曲，手指绷直。在向尺侧（靠小指一侧）稍旋腕的同时，食指至小拇指依次分别带向掌心，指腹着力，如图 2–81 所示。此后，食指至小拇指均收入掌心，呈握拳状，拇指仍伸向手背部。如此反复训练，可增强手指和掌指关节的灵活性及手指间的协调性。

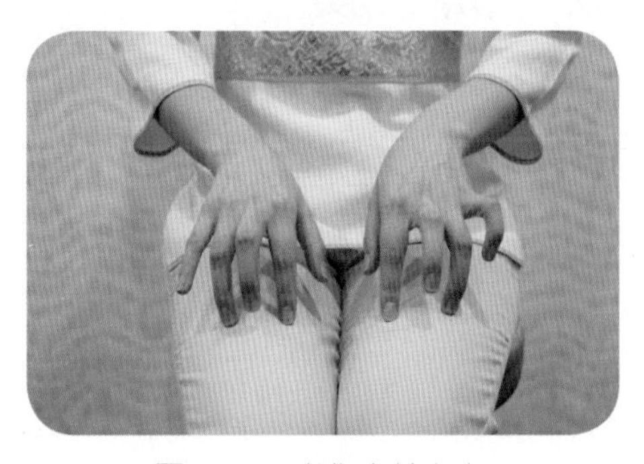
图 2-80 多指交替点击

图 2-81 正向轮指

步骤 3　反向轮指训练

双手掌指关节微曲，手指绷直。在向桡侧（靠大拇指一侧）旋腕的同时，小拇指至食指依次分别带向掌心，指腹着力，如图 2–82 所示。此后，小拇指至食指均收入掌心，呈握拳状，拇指仍伸向手背部。如此反复训练，可增强手指和掌指关节的灵活性及手指间的协调性。

步骤 4　外向轮指训练

双手掌指关节微曲，手指绷直。双掌向外旋翻的同时，从小拇指依次至食指，以指腹着力带向掌心，分别运动掌指关节，再向手背方向自然分开、绷直，如图 2–83 所示。如此反复训练，可增强手指和掌指关节的灵活性及手指间的协调性。

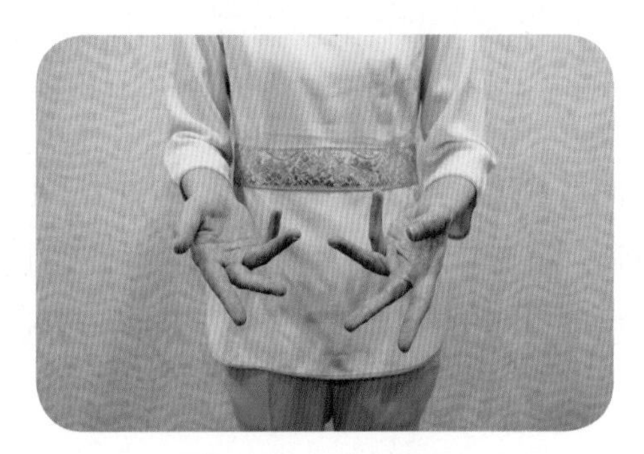

图 2–82　反向轮指

图 2–83　外向轮指

培训单元 3　敷　面　膜

了解面膜的种类与功效。

了解敷面膜对面部皮肤护理的作用。

掌握敷面膜的操作要求。

掌握敷面膜的注意事项。

面膜是一种敷于面部皮肤上的保养品，它能快速作用于皮肤，促进血液循环，直接迅速地给皮肤补充营养和水分，有效修护受损皮肤，增加皮肤的弹性与活力。与其他护肤品相比，面膜的功效更为立竿见影。因此，快速与强效成了面膜的最大特色。

一、面膜的分类

敷面膜是面部皮肤护理中的一项重要内容。根据皮肤的不同状况合理选择面膜进行定期护理，能有效改善皮肤问题，使皮肤表面清爽、光滑、细腻，皮肤深层得到有效滋养。市面上的面膜可以按功效和性状进行分类。

1. 按功效分类

（1）清洁控油面膜。清洁控油面膜多呈泥状，常见的面膜成分为高岭土、酵素、水杨酸等，有的面膜采用天然火山泥、温泉泥等富含矿物质和微量元素的护肤成分。清洁控油面膜可以吸附毛孔内的污垢和多余油脂，并去除老化角质，使皮肤清爽、干净。

（2）滋养保湿面膜。滋养保湿面膜富含精华液，精华液由玻尿酸、丙二醇、甘油、氨基酸、胶原蛋白或油脂类等保湿成分组成。滋养保湿面膜可以滋养表皮细胞，软化角质层，并帮助皮肤吸收营养，适用于大多数类型的皮肤。

（3）功效性面膜。功效性面膜能通过其有效成分快速、有效、安全地解决不同的皮肤问题。例如，舒缓面膜能迅速舒缓皮肤，消除皮肤的疲劳紧张感，帮助皮肤恢复光泽与弹性；紧肤面膜能紧致皮肤，淡化细纹；再生面膜内含植物精华，能软化表皮组织细胞，促进皮肤新陈代谢，帮助恢复皮肤的自身修复力；美白面膜含有果酸、维生素 C 等美白成分，能快速淡化黑色素，进一步清除老化角质，兼具清洁、美白双重功效，能使皮肤重现柔嫩光滑、白皙透亮。

2. 按性状分类

（1）凝结性面膜。凝结性面膜涂敷一段时间后，会干燥凝结成一个膜体，可整体剥脱。凝结性面膜包括硬模、软膜、可干撕拉式面膜等。

1）硬模。硬模的主要成分是医用石膏粉。将医用石膏粉用水调和后涂敷于面部皮肤，其会自行凝固成坚硬的模体，模体温度能持续渗透至皮肤深层。硬模的种类见表 2–6。

表 2–6　硬模的种类

种类	功效	适用皮肤
冷模	冷渗透，收敛毛孔，调节油脂分泌	痤疮皮肤、油性皮肤、敏感皮肤
热模	热渗透，增白，淡斑，促进血液循环	中性皮肤、干性皮肤、衰老皮肤、色斑皮肤

2）软膜。软膜是一种粉末状的半成品膜，其用水调和后呈糊状。软膜的种类很多，具有不同的功效，需根据顾客皮肤类型进行选用。对于干性皮肤、衰老皮肤，选用补水滋养型软膜；对于油性皮肤，选用控油清洁型软膜；对于肤色不均匀皮肤，选用美白型软膜；对于敏感皮肤，选用抗敏舒缓型软膜。

3）可干撕拉式面膜。可干撕拉式面膜涂在脸上后会由湿变干，形成膜体，干后可直接撕下，适用于油性皮肤的深层清洁。

（2）非凝结性面膜。非凝结性面膜涂敷一段时间后不能凝结为一个膜体，需用清水洗净。非凝结性面膜包括膏状面膜、啫喱面膜、霜状水洗式面膜、睡眠免洗面膜等。

1）膏状面膜。膏状面膜是由生产厂家已调配好的一种成品面膜，一般以罐装形式呈现，使用简便，可居家使用。

2）啫喱面膜。啫喱面膜呈半透明黏稠状，使用方便，具有补充皮肤水分和去除污垢的作用。啫喱面膜的种类见表 2–7。

表 2–7　啫喱面膜的种类

种类	功效	适用皮肤
可干型啫喱面膜	深层清洁皮肤	油性皮肤、老化角质堆积较厚的皮肤
保湿型啫喱面膜	保湿	干性皮肤、中性皮肤

3）霜状水洗式面膜。霜状水洗式面膜同营养霜一样，具有高保湿、高营养的特点，涂抹后经过一定时间要清洗掉。

4）睡眠免洗面膜。睡眠免洗面膜一般在睡前使用，涂抹完后不需清洗。

（3）贴片式面膜。贴片式面膜使用方便，是目前市面上最常见的面膜形式。贴片材质有无纺布和特殊用纸两种。贴片式面膜含有大量精华液，见效快速，能迅速补充表皮水分。

二、敷面膜的操作程序与要求

敷面膜一般在用仪器进行精华导入或按摩后进行，其可以促进表皮细胞吸收营养物质，并在膜体剥离皮肤的过程中带走老化角质细胞和毛孔内附着的多余污垢和油脂，对皮肤进行再次清洁。下面以软膜为例说明敷面膜的操作程序与要求。

1. 敷面膜的操作程序

敷软膜的关键点在技术环节，软膜的调制和涂敷是初级美容师必须掌握的技能。首先，要根据顾客的皮肤状况选择合适的软膜种类；其次，要在调制时掌握好稀稠程度，使膜体完整、均匀、美观；最后，敷膜时动作要迅速、熟练，使膜面平整、光滑。敷软膜的操作程序如图 2–84 所示。

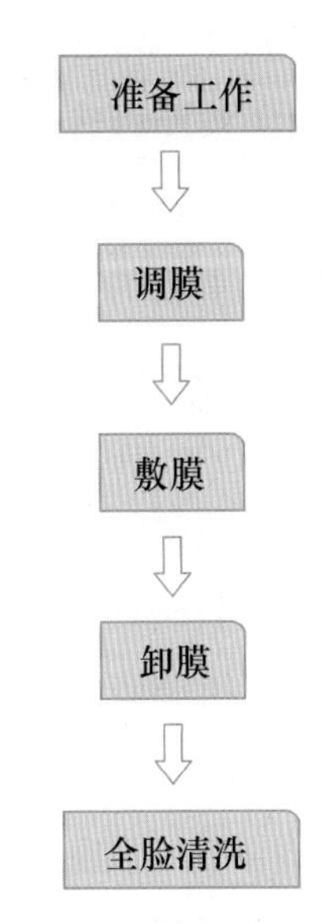

图 2–84　敷软膜的操作程序

2. 敷面膜的操作要求

软膜的调制和涂敷具有一定的难度，初级美容师需要经常训练这项操作技术。敷软膜的操作要求如下。

（1）要在短时间内完成调膜，时间控制在 15 ~ 30 秒内。由于软膜的凝结速度与温度有关，因此夏季调膜时间要比冬季调膜时间短。

（2）调成的膜体应不结块、无气泡、干湿适宜。涂敷时，膜体既要有很好的延展性，又要不会四处流动。

（3）涂敷时，避开眼周、眉毛和唇部。上缘应离发际线 1 cm；左、右两边应离耳前缘线 1 cm；下缘应到下颌线以下；应离唇缘 0.5 cm，离眼睛 2 cm。

（4）膜面应光滑平整、厚薄均匀。

三、敷面膜的注意事项

对于以下具有问题性皮肤或特殊情况的顾客，应慎用或禁用面膜：

- 皮肤严重过敏者慎用；
- 面部有创伤、烫伤，或面部有感染、发炎等皮肤症状者禁用；
- 有严重的心脏病、呼吸道感染、高血压者在发病期间应慎用或禁用。

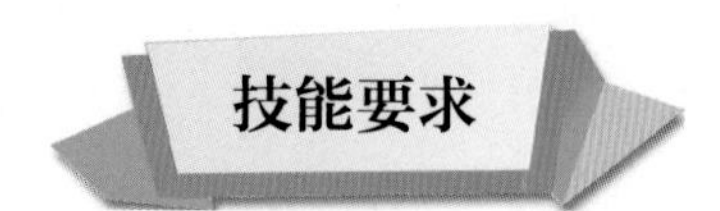

敷 软 膜

操作步骤

步骤 1　准备工作

（1）按照顾客的皮肤状况选择合适的软膜粉。

（2）准备调膜碗、调膜棒、调膜用的蒸馏水（纯净水）、洁面巾等。

（3）重新为顾客整理包头巾，确保没有多余的碎发留在包头巾外，并尽可能暴露出面部皮肤。

步骤 2　调膜

根据顾客的实际需求和软膜粉的性质（吸水性），将适量软膜粉置于干燥且已消毒的调膜碗内，加入适量蒸馏水（纯净水）进行调膜。调膜时，用左手托住碗底，右手执调膜棒快速进行同方向转圈搅拌，直至面膜成无气泡、无颗粒的糊状，如图 2–85 所示。整个调膜过程控制在 15 ~ 30 秒内。

步骤 3　敷膜

用消毒后的面膜刷或调软膜棒将糊状软膜均匀涂于顾客面部，涂抹顺序为前额—鼻—双颊—下颌—口周—鼻底（唇上），涂抹走向为从中间向两边、从上到下，如图 2–86 所示。涂抹时，前额横向涂敷；鼻部纵向涂敷；双颊由内向外涂敷；下颌横向涂敷；口周、眼周边缘应整齐，呈圆弧形。敷膜时间为 1 ~ 2 分钟。

图 2–85　调膜

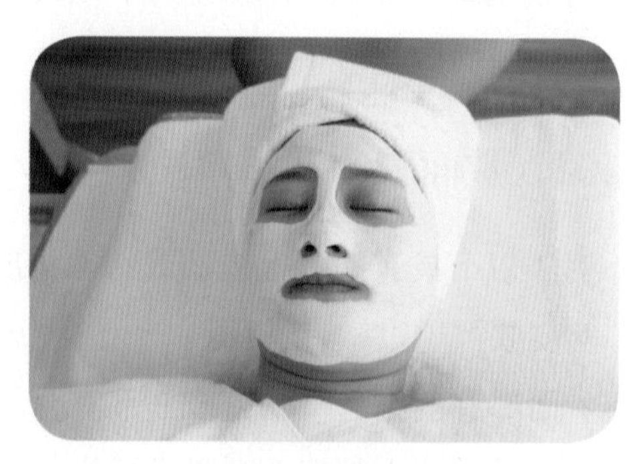

图 2–86　敷膜

步骤 4　卸膜

面膜静置 15 ~ 20 分钟后，沿下颌处的面膜边缘将面膜掀起，而后慢慢向上卷起，轻轻撕下，如图 2–87 所示。

步骤 5　全脸清洗

用干净的温水浸湿洁面巾并适当控干，把残留在面部的软膜轻轻擦除，注意避免残渣进入顾客口、鼻、眼中，如图 2–88 所示。如遇比较难以擦净的残留，可增加洁面巾的水分含量，浸润到位后再进行擦除，但不可有水滴在顾客面部或其他地方。

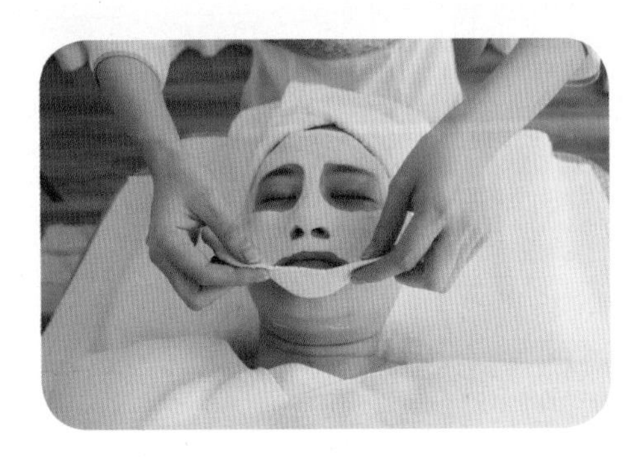

图 2–87　卸膜

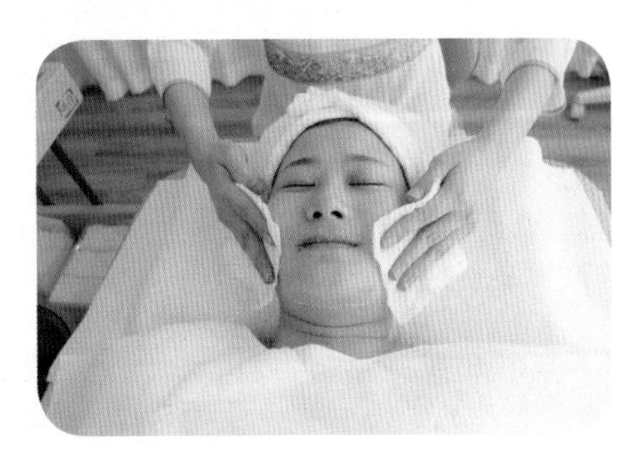

图 2–88　全脸清洗

培训单元 4　基 本 保 养

了解基本保养的操作程序。

掌握基本保养的注意事项。

了解基本保养所需护肤品及其选择。

能独立完成基本保养的操作步骤。

基本保养是利用护肤品对面部皮肤做进一步护理的过程，也是面部护理的

最后一步。

一、基本保养的目的

基本保养可以使皮肤得到更好的滋养，预防外界灰尘、紫外线等对皮肤的损伤。操作时，应根据顾客的年龄、皮肤类型及气候等环境因素选用适当的护肤品。

二、基本保养的操作程序

基本保养的操作程序如图 2–89 所示。

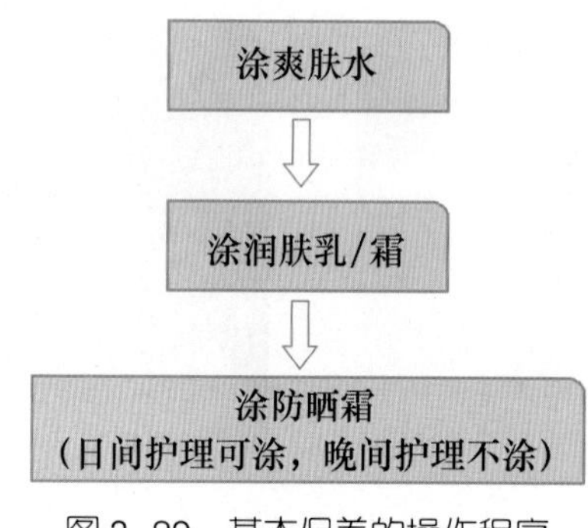

图 2–89　基本保养的操作程序

三、基本保养所需面部护肤品的类型与作用

1. 爽肤水

爽肤水是一种兼具清洁、收敛、营养、抑菌等多种功能的护肤品。面部清洁部分已对爽肤水进行了简单的介绍。涂爽肤水时，除了用棉片或手进行取用外，还可以用喷雾器。喷雾器喷出的小分子有利于表皮细胞吸收，这种方法对缺水皮肤效果更佳。

2. 润肤乳 / 霜

润肤乳是一种介于爽肤水和润肤霜之间的半流动状态的液态霜。润肤乳在补充水分方面的作用接近于爽肤水，保湿作用优于爽肤水但比润肤霜差。润肤乳多用于皮肤保湿补水，适合油性皮肤使用。

润肤霜是一种 pH 值与皮肤 pH 值接近的富含营养物质的膏霜，其利于皮肤吸收，可保持皮肤水油平衡、柔软细腻。

3. 防晒霜

防晒霜是能吸收或散射紫外线，避免皮肤晒伤、晒黑，或减轻皮肤晒伤、晒黑程度的化妆品。使用时，应根据季节、时间、场合等选择防晒指数适合的防晒霜。

护肤品的详细信息见《美容师（基础知识）》的相关内容。

四、不同面部皮肤的护肤品选择

1. 按皮肤类型选择面部护肤品

在进行基本保养时，一定要按照不同的面部皮肤类型去选用护肤品。中性皮肤是理想的皮肤类型，可选择使用的面部护肤品范围较大，可以保湿为基础，适当去油、收敛或美白，并随气候变化选用不同的面部护肤品。其他类型皮肤的面部护肤品选择见表 2–8。

表 2–8　其他类型皮肤的面部护肤品选择

皮肤类型 \ 面部护肤品	爽肤水	润肤乳 / 霜	防晒霜
干性皮肤	滋养、补水型	润肤霜	白天必用
油性皮肤	清爽、控油、收敛型	润肤乳	白天必用
混合性皮肤	T 区选用清爽控油型，双颊选用补水滋养型	春、夏季用润肤乳，秋、冬季用润肤霜	白天必用
敏感皮肤	抗敏、舒缓型	无色素、低敏的润肤乳 / 霜	白天必用

（1）干性皮肤。干性皮肤缺乏油脂，易干燥，易产生紧绷感，易产生皱纹，易色素沉淀，因此需要保湿、滋润，以防止皮肤老化及色素生成。对于干性皮肤，应选择油包水型的含有高油脂、高营养素的膏霜类面部护肤品。

（2）油性皮肤。油性皮肤皮脂分泌多，毛孔粗大，易出现痤疮，因此保持皮肤清洁、抑制皮脂过多分泌尤为重要。油性皮肤的油分虽多，但多数缺水，因此控油的同时要注意保湿。对于油性皮肤，应选择水包油型的具有杀菌、收敛、消炎作用的乳或露类面部护肤品。

（3）混合性皮肤。混合性皮肤兼具干性皮肤与油性皮肤的特点，对于其干性区域与油性区域，可分别参照干性皮肤与油性皮肤的面部护肤品选择进行护理。

（4）敏感皮肤。敏感皮肤对外界多种因素敏感，极易对含有香料、色素、防腐剂的面部护肤品产生反应，更需要特别保养。对于敏感皮肤，应选择温和且不含色素等的护肤品。

2. 按季节选择面部护肤品

（1）春季皮肤保养。春季气候多变，昼夜温差较大，且空气干燥，容易引起皮肤干燥、脱屑，出现脂溢性皮炎等。因此，在春季，对于干性皮肤、中性皮肤，要适当补充水分和油脂，可选用滋润性面部护肤品，如香脂、冷霜等；对于油性皮肤，要注意面部清洁，使毛孔通畅，可选用水润性面部护肤品。

（2）夏季皮肤保养。夏季天气炎热，皮脂分泌旺盛，出汗较多，皮肤表面湿度较大，容易黏附空气中的灰尘等，如不及时清洁污垢，极易因毛囊阻塞而发炎（如患痱子、生脓疮等）。因此，在夏季，应选用乳、蜜、凝胶等轻薄质地的护肤品；要及时补充皮肤水分；在户外活动时，要戴太阳帽、太阳镜，涂防晒霜，以减少日晒反应。

（3）秋季皮肤保养。秋季天气凉爽，皮肤油脂分泌减少，容易干燥。因此，在秋季，要注意补充皮肤水分和油分，用温水洗脸，用含油脂量较高的润肤霜进行基本保养。

（4）冬季皮肤保养。冬季气候寒冷，皮脂腺、汗腺分泌减少，皮肤易干燥，甚至产生皲裂。因此，在冬季，要注意保温，避免皮肤水分流失过多，净面后可选用油脂含量高的润肤霜进行基本保养。

五、基本保养的注意事项

1. 正确选用面部护肤品

应根据季节、气候、环境，以及顾客年龄、皮肤状况选择合适的面部护肤品进行基本保养。

2. 按肌肉走向涂抹面部护肤品

进行基本保养时，应按面部肌肉的走向，由内而外、由下而上地以轻轻打圈或轻拍的方式进行护肤品涂抹。对于有细纹的地方，应沿着细纹的生长线由内而外地涂抹合适的面部护肤品，随后用打圈的方式让护肤品能更好地被吸收。

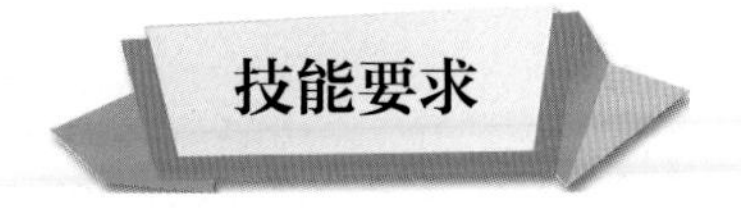

技能要求

基本保养

操作步骤

步骤 1　涂爽肤水

倒取适量爽肤水于干净的棉片中，由内向外擦拭顾客面部；或以手掌取用爽肤水，再用手指指腹以轻拍、点弹的方法进行涂抹；也可用喷雾器将爽肤水喷于顾客面部。

步骤 2　涂润肤乳 / 霜

将润肤品以五点法置于顾客的额部、鼻部、两颊、下颌，轻轻地将其抹匀，再以打圈的手法进行按摩，促进吸收。

步骤 3　涂防晒霜

用中指或挑棒取一元硬币大小的防晒霜，按照肌肉的走向，由内而外地涂抹或拍均匀，让防晒霜能覆盖于面部表皮。

培训单元 5　结 束 工 作

培训重点

了解结束工作的基本程序。

了解结束工作的注意事项。

能独立完成结束工作。

知识要求

一、结束工作的目的

服务是美容院的核心竞争力，服务质量的差别体现在细节上，而结束工作是最容易被忽视的体现服务质量的环节。按程序做好结束工作能培养美容师有条不紊、善始善终的良好习惯，同时有利于保持美容院干净、整洁、有序的工作环境，给顾客留下服务细致周到的良好印象。

二、结束工作的基本程序

1. 告知顾客护理流程已结束，并询问还需要什么帮助。

2. 解开顾客头上的包头巾，注意不要让污物弄脏顾客的衣物。

3. 拿掉顾客身上毛头巾或盖被，扶顾客起身，帮助顾客整理衣物、头发。如果顾客有需要，可为顾客提供化妆品及补妆服务。

4. 询问顾客对服务的感受，征求意见，以便日后改进。

5. 主动提醒顾客带好随身物品。

6. 送顾客到门口，如遇天气突变，应及时给予帮助。

7. 及时整理用品、用具，做好护理间的清洁还原工作，如清洁手推车、地面及清理垃圾桶等。

8. 对毛巾、头巾等进行清洗并进行高温消毒，对挑棒、面膜碗等工具进行清洁和有效消毒，如紫外线消毒、消毒液浸泡等。

9. 换上干净且已消毒的床单、毛巾，准备迎接新顾客。

三、结束工作的注意事项

1. 清理手推车

面部护理结束后，把手推车整理干净并用纸巾将台面擦拭干净，不留任何污渍和水渍。

2. 用品、用具消毒

面部护理结束后，清洗所用的用具，并用酒精对用品、用具进行消毒。

3. 切断仪器电源，整理好电线

面部护理结束后，一定要切断仪器电源，拔出插头，并把电线整理好，放置于仪器边上。

思考题

1. 面部护理的流程是什么？
2. 蒸面的注意事项有哪些？
3. 蒸面的功效是什么？
4. 面部按摩的作用有哪些？
5. 面部按摩的常用穴位有哪些？
6. 面部按摩的基本手法有哪些？对皮肤有什么作用？
7. 面膜的种类有哪些？
8. 敷面膜的作用是什么？

职业模块 3 修饰美容

内容结构图

- 修饰美容
  - 脱毛
    - 人体毛发的基本生理知识
    - 脱毛的方法与基本原理
    - 暂时性脱毛的用品、用具
    - 暂时性脱毛的程序与操作要求
    - 脱毛禁忌、副作用与注意事项
  - 烫睫毛
    - 烫睫毛基础知识
    - 烫睫毛用品、用具
    - 烫睫毛的程序与操作要求
    - 烫睫毛的禁忌与注意事项
  - 化日妆
    - 日妆基础知识
    - 日妆用品、用具
    - 化基面妆和基点妆

培训项目 1

脱毛

培训单元 1　人体毛发的基本生理知识

了解人体毛发的基本生理知识。

很多人因为身体上过长或过密的毛发而感到苦恼，美容师可以选择合适的脱毛方法帮助顾客脱除影响美观的毛发，为爱美人士解除烦恼。首先来了解一下人体毛发的基本生理知识。

一、毛发的分类和特征

1. 毛发的分类

毛发是由毛囊里毛球下部毛母细胞分化而来的，其主要成分是角质蛋白，其余成分包括水、脂质、微量元素（钾、钠、镁、钙等）和色素。毛发分为终毛和毳毛。终毛又分为长毛和短毛。长毛包括头发、阴毛、腋毛等，具有粗、硬、色浓等特征。短毛包括眉毛、鼻毛、睫毛等。毳毛细软，色淡，多见于躯干、面部等部位。除唇红、掌跖、乳头和部分外生殖器等部位没有毛发外，人体大部分部位都覆盖着毛发。

2. 毛发的特征

毛发通常在人出生前便开始形成。胎儿的毛发特别软，称作胎毛。出生之后，胎毛逐渐消失，被较硬的毛发代替。随着年龄的增长，发根变深且增大，从而增加了脱毛的难度。毛发的粗细、直卷、疏密，以及毛发的颜色、毛囊的正常功能及其分泌活力都是由遗传决定的，且全球各地区差异较大。

人体各部位毛发的生长角度有差异。一般情况下，颈部毛发与皮肤表面成30°，下巴毛发与皮肤表面成60°，脸部毛发与皮肤表面成45°。了解毛发的生长角度有助于安全脱毛。

二、毛发的结构和功能

1. 毛发的结构

毛发被覆于皮肤表面，是重要的皮肤附属器。毛发分为两部分，突出皮肤表面的部分称为毛干，生长于皮肤内的部分称为毛根，毛根生长于毛囊内。毛发的结构如图 3–1 所示。

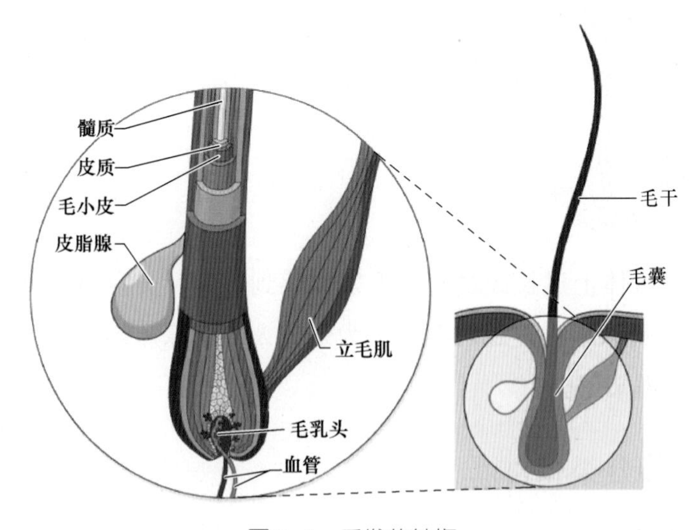

图 3–1　毛发的结构

毛发从外向内由毛小皮、皮质、髓质三部分组成。最外层是毛小皮，为角化的扁平细胞，透明无核，不含色素，呈叠瓦状排列；中层为皮质，是毛发的主要结构，构成毛发的基质，由数层菱形角质细胞叠积而成，细胞内含有黑色素颗粒；中心为髓质（毳毛无髓质），是毛干中轴，由 1 ～ 2 层未完全角化的髓细胞组成。毛发的毛球部髓细胞体积大，顶端无髓细胞。

毛囊由表皮和真皮两部分构成。表皮部分是指表皮的下陷包裹部分。毛根基部膨大，与毛囊共同形成毛球。真皮部分是指真皮结缔组织突入毛球的部分，称为毛乳头，毛乳头含有丰富的血管、神经，能为毛发生长提供营养，并有感觉功能。如果毛乳头萎缩或受到破坏，毛发就会停止生长并逐渐脱落。毛球的上皮细胞称为毛母细胞，这些细胞分裂活跃，能增殖和分化为毛根和上皮根鞘的细胞。

2. 毛发的功能

健康的毛发不仅是人体健康美的重要标志，而且还有着保护皮肤、调节体温和加强触觉的生理作用。

（1）保护皮肤。毛发能减少和避免外来的机械性损伤和化学性损伤，同时帮助皮肤抵御紫外线的照射，防止皮肤发红、瘙痒、提早衰老等。

（2）调节体温。冬季，毛发有保温作用；夏季，毛发较多的部位汗腺分泌量大，可以起到散热的作用。

（3）加强触觉。人体皮肤一受到轻微的刺激，毛发就会感知，并通过毛囊周围的神经分支再经由感觉神经传递到大脑。

三、毛发的生长周期

毛发的生长呈周期性，有一定的规律，一般分为三个阶段：生长期、退行期和休止期，如图 3–2 所示。各毛囊独立进行周期性变化，即使邻近的毛囊也并不处于同一生长周期内。因此，同一区域进行脱毛后长出毛发的时间各不相同，其长短也不一。

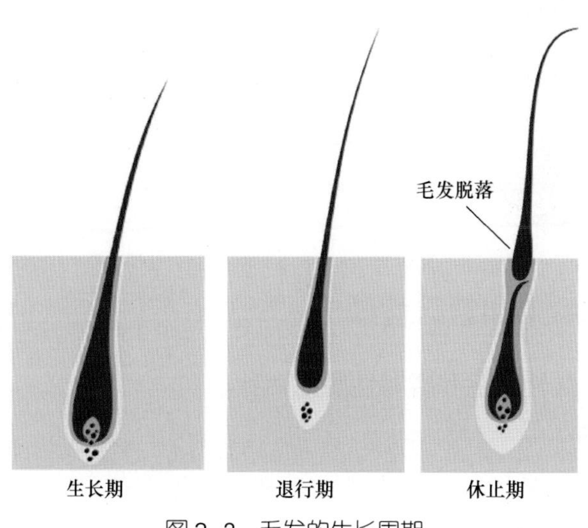

图 3–2　毛发的生长周期

1. 生长期

生长期为毛发积极生长阶段，毛囊最深，毛球较黑。生长期受个人身体状况、是否使用一定的药物及是否怀孕等影响而长短不一。一旦生长期毛发达到最大长度后，其就会维持原样，不再生长。毛发生长期的长短还取决于其生长位置，如手指上毛发的生长期为数星期，而头皮上毛发的生长期可长达八年。在生长期进行脱毛能有效地破坏毛乳头，从而达到减少毛发生长的目的。

2. 退行期

在退行期，毛球细胞分裂停止，数目减少，毛乳头逐渐角化缩小，毛球开始萎缩，毛发停止生长。

3. 休止期

在休止期，毛根部的角化逐渐向下发展，最终与毛乳头分离，毛囊萎缩，使毛发脱落。随着新的毛乳头逐渐形成，新的毛发开始新的生长周期。

一般情况下，长毛的生长期长，退行期和休止期短；短毛的生长期短，退行期和休止期长。

培训单元 2　脱毛的方法与基本原理

熟悉脱毛的方法与基本原理。

一、永久性脱毛和暂时性脱毛

脱毛可分为永久性脱毛和暂时性脱毛两种。

1. 永久性脱毛

永久性脱毛一般是指利用脱毛机产生超高频振荡信号，形成静电场，作用于毛发，将其去除，并破坏毛囊和毛乳头，使毛发无法再生，达到永久性脱毛的效果。现在运用较多的永久性脱毛方式为激光脱毛、光子脱毛等。

2. 暂时性脱毛

暂时性脱毛分化学性脱毛和物理性脱毛两种。

（1）化学性脱毛。化学性脱毛是指利用化学除毛剂如脱毛液、脱毛膏、脱毛霜等进行脱毛。这些化学除毛剂中含有能够溶断毛发的化学成分，以此达到脱毛的目的。此种方法多用于脱细小的毳毛，经常使用可使新生毛发变细、变稀。

（2）物理性脱毛。物理性脱毛是指利用专业的脱毛工具如脱毛蜡、刮毛刀、拔毛镊子等将毛发去除。除用刮毛刀刮去毛发外，其余物理性脱毛方法都会将毛发连根拔除，因此毛发长出较慢，但脱毛时会略有疼痛感。

二、暂时性脱毛方法

1. 用拔毛镊子脱毛

用拔毛镊子脱毛属于物理性脱毛，能把毛发连根拔起，毛发的根部不会留在毛囊内，拔毛过程比较疼痛，过后可能出现红肿和感染，不适合用于拔除大面积毛发。

2. 用刮毛刀脱毛

用刮毛刀脱毛属于物理性脱毛，使用较方便，因为不是连根拔起，所以效果不持久，一般维持 3 ~ 4 天。若长期使用，则新长出的毛发较易变粗。另外，若操作不小心，则容易刮伤出血。

3. 用脱毛膏 / 脱毛霜脱毛

用脱毛膏 / 脱毛霜脱毛属于化学性脱毛，是利用脱毛膏 / 脱毛霜中的巯基乙酸钙溶解皮肤表面毛发的蛋白质来达到脱毛目的的，这种方法并不能将毛发连根拔起。第一次使用者在使用前需将皮肤清洁干净并做过敏测试。脱毛膏 / 脱毛霜可溶断毛发，将大面积的毛发迅速清除。此种方法多用于脱细小的毳毛，经常使用可延缓毛发生长周期，并使新生毛发变细、变稀。

4. 用脱毛蜡脱毛

用脱毛蜡脱毛属于物理性脱毛，是指利用蜡的黏性将毛发连根拔起。这种方法快速安全，无副作用，适合除肛周和生殖器以外的任何部位。这种方法在实际操作中分为两种：一种是用脱毛蜡配合专用脱毛纸进行脱毛，脱毛蜡分为热（硬）蜡、温（软）蜡、冻（冷）蜡，适合大面积脱毛及腋下脱毛使用；另一种是用现成的蜡纸产品进行脱毛，适合小面积脱毛。

5. 用糖浆脱毛

用糖浆脱毛属于物理性脱毛，是一种古老的埃及脱毛法，适合崇尚自然原料或皮肤敏感的顾客，近年来在西方国家逐渐流行。第 44 届世界技能大赛首次将糖浆脱毛纳入美容比赛项目。脱毛前有效地去角质和保湿能帮助清理、松解毛孔，有助于糖浆渗入，从而达到更加彻底的脱毛效果。

美容院一般进行暂时性脱毛。现今常用的暂时性脱毛方法有用脱毛蜡脱毛、用脱毛膏 / 脱毛霜脱毛等。

培训单元 3　暂时性脱毛的用品、用具

了解暂时性脱毛的用品、用具。

要做到安全高效地脱毛，美容师除了要掌握专业知识，经过严格训练，做到操作规范熟练外，选择合适的脱毛用品、用具也很重要，否则容易造成顾客皮肤损伤。

一、暂时性脱毛的用品

常用暂时性脱毛用品如下。

1. 护理前清洁液

护理前清洁液的主要成分有去离子水、酒精、茶树油、柠檬油、聚山梨醇酯等，不同产品稍有差异。护理前清洁液可去除化妆品和皮肤表面油脂，让皮肤保持清洁卫生，增强脱毛护理效果。

2. 脱毛膏 / 脱毛霜

脱毛膏 / 脱毛霜的主要成分有硫羟乙酸盐、硫醇及碱的组合（氢氧化钙、氢氧化钠）。脱毛膏 / 脱毛霜一般情况下仅适用于脱细小的毳毛，过敏性皮肤不宜使用。

3. 热（硬）蜡

热（硬）蜡的主要原料为松香、甘油松香酸酯、乙烯、蜂蜡、石蜡、氢化椰子油等，不同产品稍有差异。热（硬）蜡一般呈棒状、块状、颗粒状和罐状，所需加热时间比软蜡长，若使用时尚未完全熔化，可先用锅边熔化的部分。

4. 温（软）蜡

不同厂家的温（软）蜡配料成分有所不同，大多数为脂溶性。有些温（软）蜡产品添加了甘菊、茶树油、玫瑰油等具有润肤、镇静及抗菌作用的植物辅助原料。市场上有适合过敏性皮肤、中性皮肤、干性皮肤等不同皮肤类型的温（软）蜡产品。

5. 冷（冻）蜡

冷（冻）蜡的主要成分为多种树脂，不同产品的配方有所不同。冷（冻）蜡黏着性强，可溶于水，呈胶状，使用时不用加热，可直接涂于需脱毛的皮肤上。冷（冻）蜡可与皮肤紧密黏着，且不会引起不适感，适用于敏感部位皮肤脱毛。

6. 护理后精华液

护理后精华液的主要成分有白矿物油、薰衣草精油等，不同产品的配方有所不同。护理后精华液可以去除皮肤上的余蜡。薰衣草精油具有镇静、抗炎、润肤的功效。

7. 毛发延缓液

毛发延缓液的主要成分有南瓜、柳叶草等多种植物提取液及天然抗体毛生长剂，不同产品的配方有所不同。毛发延缓液可去除死皮，抑制毛发生长，延缓毛发生长速度。

8. 修复舒缓霜

修复舒缓霜的主要成分有去离子水、硬脂酸、十六醇、矿物油、硼砂、十六烷基三甲基溴化铵、冬青油、麝香草酚、薄荷油等，不同产品的配方有所不同。修复舒缓霜可以缓解脱毛后引起的皮肤红肿不适等现象，并保持皮肤舒适、凉爽。

9. 机器清洁液

机器清洁液的主要用途是去除脱毛用具表面残留的脱毛蜡，如不小心掉落在手推车或熔蜡器上的脱毛蜡等。使用时，将机器清洁液喷洒在有蜡或异物的区域，用布或纸巾擦拭多次即可。

二、暂时性脱毛的用具

1. 熔蜡器

熔蜡器（见图3–3）用于加热整罐脱毛蜡，加热内胆的最高温度可达120 ~ 130 ℃（指在持续高温加热的情况下），蜡温可达70 ~ 80 ℃。为避免在使用过程中烫伤顾客，可进行温度调节。一般罐装加热30 ~ 40分钟（直接加热需要20 ~ 25分钟），待蜡完全熔化，再进行保温，这时蜡的温度一般为40 ℃左右，可以直接给顾客上蜡。

2. 防污垫

防污垫如图3–4所示。上蜡前，应将防污垫摆放在熔蜡器口部，以防止脱毛蜡滴到熔蜡器的内部及周围，保持设备干净、卫生。

图3–3　熔蜡器

图3–4　防污垫

3. 蜡棒

用蜡棒（见图3–5）便于将脱毛蜡快速取出，在需脱毛部位均匀涂上一层薄薄的脱毛蜡。用蜡棒可准确控制脱毛面积。

4. 专用脱毛纸

专用脱毛纸（见图3–6）为无纺布材料，柔韧性强，柔软舒适，方便实用，可以将皮肤上的蜡粘除下来。

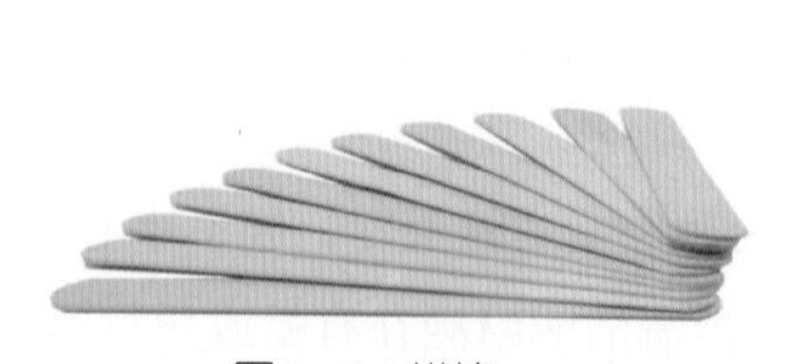

图3–5　蜡棒

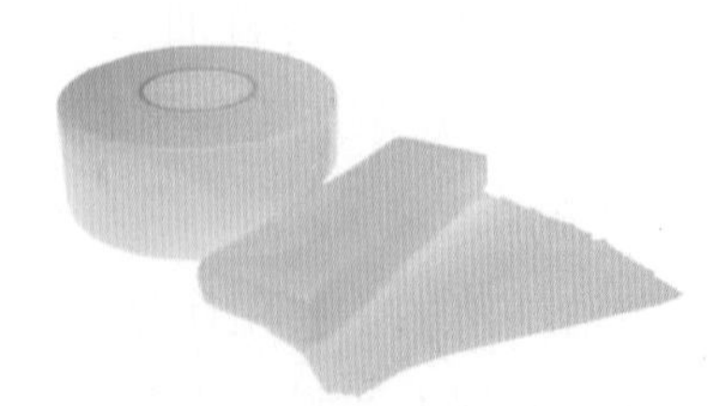

图3–6　专用脱毛纸

5. 小剪刀

小剪刀（见图 3–7）用于修剪过长的毛发。一般先将过长的毛发修剪为 1 cm 左右再进行脱毛。

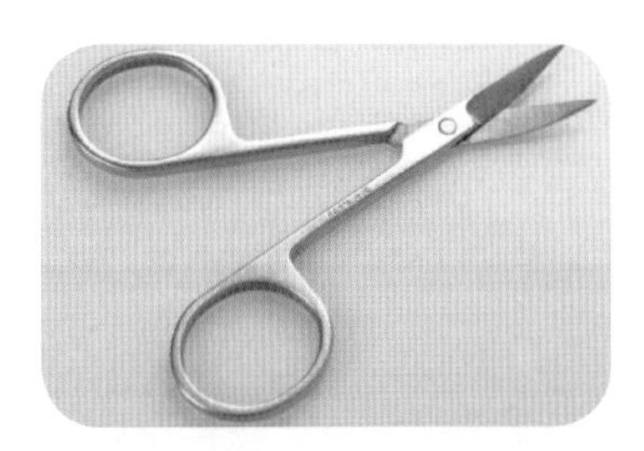

图 3–7 小剪刀

6. 拔毛镊子

拔毛镊子（见图 3–8）用于将脱毛后仍未脱除的部分顽固毛发彻底拔除。

7. 橡胶手套

橡胶手套（见图 3–9）由天然胶乳加工而成，可有效保护美容师双手不被蜡沾到而影响操作。同时，因为部分粗壮毛发的根部连接有毛细血管，所以脱除时可能会使毛细血管破裂，产生轻微出血现象，戴橡胶手套可有效防止感染等问题。

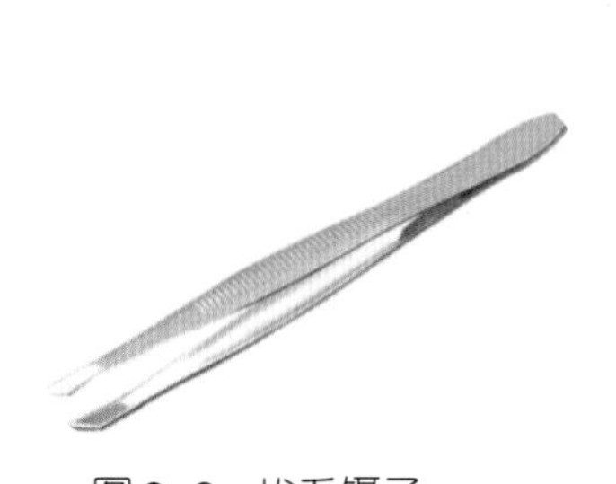

图 3–8 拔毛镊子

图 3–9 橡胶手套

8. 爽身粉

将爽身粉（见图 3–10）涂于脱毛部位，使脱毛部位的皮肤保持干爽，可以起到保护皮肤及方便撕蜡的作用。

图 3–10 爽身粉

9. 粉扑

使用粉扑（见图 3-11）可以将爽身粉涂抹得更均匀。

10. 刮毛刀

用刮毛刀（见图 3-12）可快速刮除毛发。

图 3-11 粉扑

图 3-12 刮毛刀

培训单元 4 暂时性脱毛的程序与操作要求

掌握不同部位暂时性脱毛的程序。

掌握不同部位暂时性脱毛的操作要求。

不同部位的毛发及皮肤性质不同，可分别采用不同的方式进行脱毛。

一、眉部脱毛

眉部靠近眼睛，眼睛周围的皮肤较薄，也较为敏感，而冷蜡正适用于敏感部位脱毛。若眉毛很浓且不规则，长出一般眉线之外，则可进行脱毛。先用蜡去除部分眉毛，再用镊子进行修理。此法快速，尤其适合眉毛浓密且杂乱的顾客。

二、唇周脱毛

唇毛多是细小的毳毛，适合用脱毛霜进行脱除。使用前，必须就脱毛霜进行过敏测试。若顾客皮肤未出现过敏反应，则可正常使用；若顾客皮肤为过敏性皮肤或出现过敏反应，则不宜使用。

三、四肢脱毛

进行四肢脱毛时，适合用软蜡。软蜡性质较柔软，只需薄薄的一层就能将毛发脱除，可在皮肤上大面积涂抹，而且软蜡操作便捷，适合大面积脱毛。

四、腋下脱毛

进行腋下脱毛时，适合用硬蜡。硬蜡中的甘油松香酸酯等成分使其性质比软蜡更温和，且硬蜡质地较厚，可将腋下、比基尼等部位粗壮的毛发完全包裹并连根拔起。腋下的毛发生长方向不全一样，每次脱毛前，要先仔细观察毛发的生长方向，再分区进行脱毛（分区面积要小），直到完全脱净为止。

眉部脱毛

操作准备

1. 用品、用具准备：护理前清洁液、毛发延缓液、修复舒缓霜、护理后精华液、冷蜡、专用脱毛纸、蜡棒、爽身粉、粉扑、小剪刀、橡胶手套等。

2. 消毒用品、用具：用酒精、一次性消毒剂等对手推车、用具、用品等进行消毒。

3. 手推车布置：根据手推车的大小决定每层要摆放的用品、用具，以方便取用物品和操作，手推车台面应始终确保整洁有序，如图3–13所示。

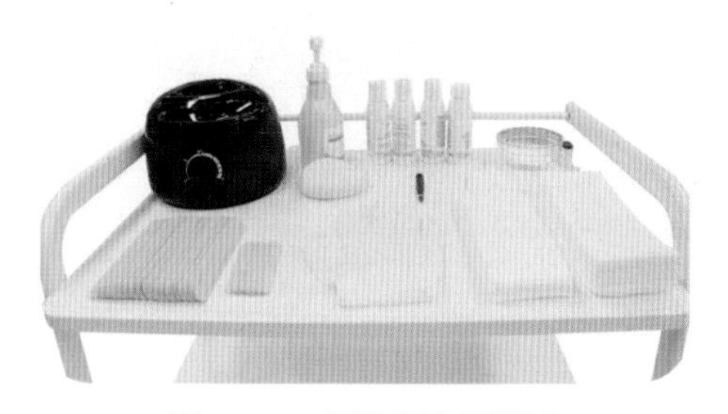

图3–13 手推车台面整洁

4. 顾客准备：保护好顾客头发、衣服及隐私处，确保顾客感觉舒适、安全；观察毛发的生长方向及状况，阅读顾客资料登记表，了解顾客的皮肤状况，向顾客说明脱毛禁忌。

5. 美容师手部准备：美容师在操作前应消毒双手。

操作步骤

步骤 1　测试

用蜡棒取冷蜡涂在顾客耳后或手臂内侧做小面积测试，确保没有过敏反应，并询问顾客感受。

步骤 2　梳理确定脱眉部位

根据顾客脸形特点确定眉形。对于标准脸形，可将眉笔放置在鼻翼与内眼角的垂直延长线上，眉笔与眉毛的交界处应为眉头；将眉笔放置在鼻翼与虹膜外沿的连线上，眉笔与眉毛相交处应是眉弧形的最高点；将眉笔放置在鼻翼与眼外角的连线上，眉笔与眉毛相交处应是眉尾。用眉笔对以上三个部位做记号。对于不同的脸形，还应根据个人特点来确定眉形。确定眉形后，将眉毛梳理整齐，用眉笔标出脱毛位置。递镜子给顾客，商量并确认脱毛部位。

步骤 3　清洁

佩戴手套，用护理前清洁液以打圈方式彻底清洁脱毛部位，之后用小毛巾、一次性洁面巾或棉片擦干皮肤。

步骤 4　扑粉

用粉扑将爽身粉薄而均匀地涂于眉部需脱毛处的皮肤上，手指轻触需脱毛部位，感觉皮肤是否干爽。

步骤 5　修剪眉毛

对过长的眉毛先进行修剪，将其剪成 1 cm 左右，如图 3–14 所示。

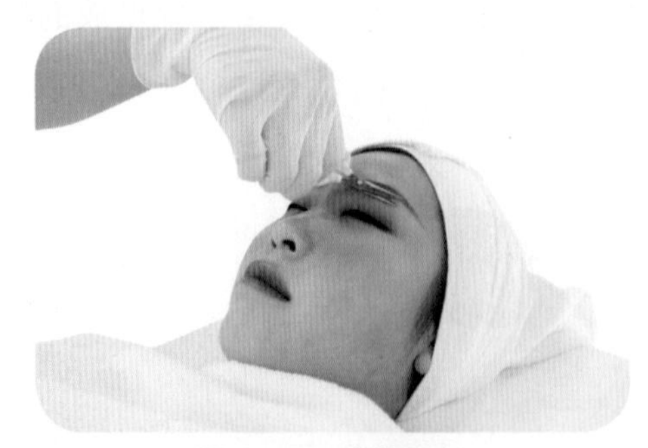

图 3–14　修剪眉毛

步骤 6　涂蜡

左手将需脱毛部位的皮肤绷紧，右手握蜡棒取少量冷蜡，蜡棒成 45° 顺着毛发生长方向从眼骨内侧向外侧薄而均匀地涂开，如图 3–15 所示，注意不要将蜡涂到不需脱毛的部位。

图 3–15　涂蜡

步骤 7　脱毛

将提前剪成小条状的专用脱毛纸铺在蜡面上，用手指或手掌将毛发、冷蜡和专用脱毛纸黏合在一起，一手按住脱毛区域的下方，另一手将专用脱毛纸逆着毛发生长方向快速揭下，揭下后，立即用手掌安抚按压 3 ~ 5 秒，以减轻痛感，如图 3–16 所示。继续用同样的方法对其余部位进行脱毛，注意不可重复上蜡。

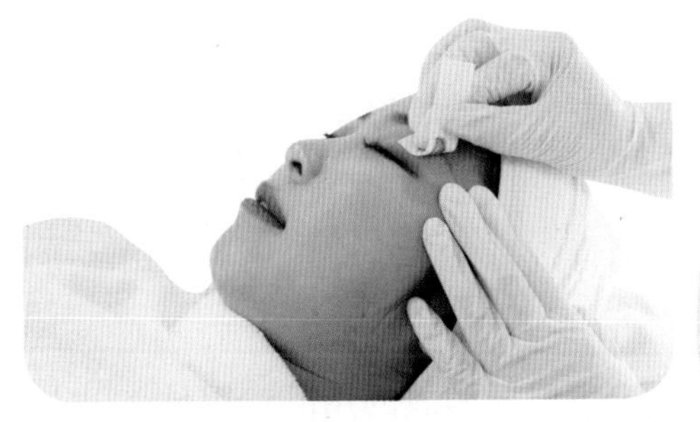
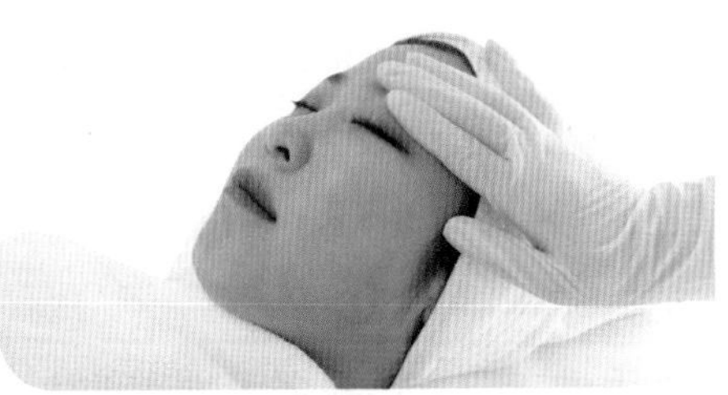

图 3–16　脱毛

步骤 8　结束工作

先用手或棉片将护理后精华液涂抹在脱毛部位的皮肤上，可彻底清除皮肤上的残留如残蜡等；再用相同的方法涂抹毛发延缓液和修复舒缓霜，帮助减轻皮肤的不适感，如图 3–17 所示。同时，嘱咐顾客脱毛后的注意事项。

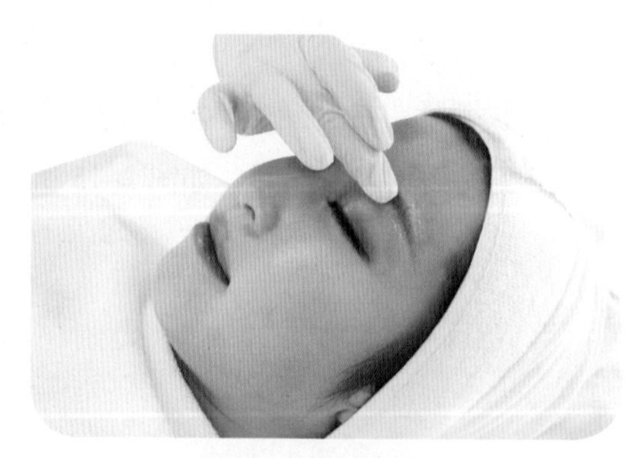

图 3–17　结束工作

注意事项

1. 涂蜡一定要顺着毛发生长方向。

2. 揭专用脱毛纸时，一定要逆着毛发生长方向，且动作要快，否则会使顾客疼痛感加剧。

3. 脱毛要彻底，脱毛部位不能有残留毛发，如有个别残留毛发，要用镊子拔除。

4. 在操作过程中，使用过的工具和未使用的工具应分开摆放，以免污染。

5. 脱毛服务需间隔 3 ~ 4 周。

唇周脱毛

操作准备

1. 用品、用具准备：护理前清洁液、毛发延缓液、修复舒缓霜、脱毛霜、润肤霜、蜡棒、橡胶手套等。

2. 消毒用品、用具：用酒精、一次性消毒剂等对手推车、用具、用品等进行消毒。

3. 手推车布置：根据手推车的大小决定每层要摆放的用品、用具，以方便取用物品和操作，手推车台面应始终确保整洁有序。

4. 顾客准备：保护好顾客头发、衣服及隐私处，确保顾客感觉舒适、安全；观察毛发的生长方向及状况，阅读顾客资料登记表，了解顾客的皮肤状况，向顾客说明脱毛禁忌。

5. 美容师手部准备：美容师在操作前应消毒双手。

操作步骤

步骤 1 测试

佩戴手套，将脱毛霜涂抹在顾客耳后或手臂内侧做小面积（食指大小）测试，确保没有过敏反应，并询问顾客感受，如图 3–18 所示。

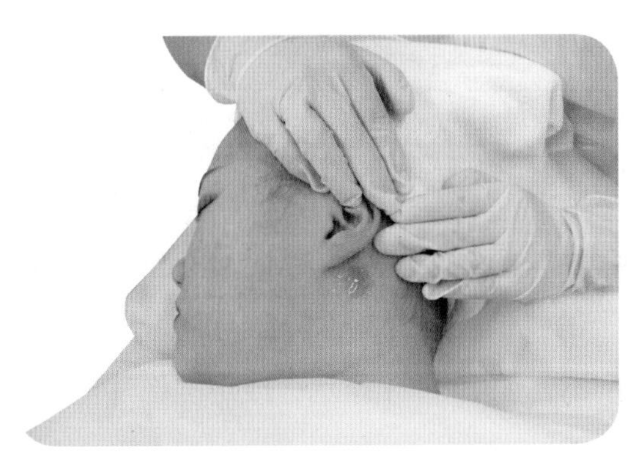

图 3–18 测试

步骤 2 清洁

先用毛巾遮盖顾客唇部以上部位，再用护理前清洁液以打圈方式彻底清洁脱毛部位，之后用小毛巾、一次性洁面巾或棉片擦干皮肤，如图 3–19 所示。

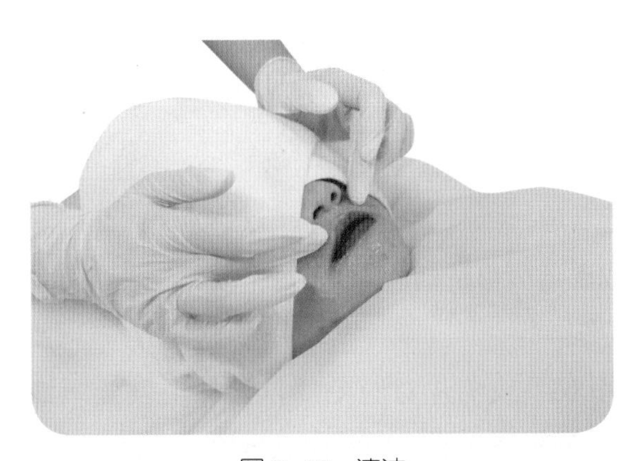

图 3–19 清洁

步骤 3 涂脱毛霜

在脱毛处先涂抹润肤霜，再顺着毛发生长的方向将脱毛霜均匀涂于脱毛部位，厚度以足够覆盖毛发为准，切勿揉搓。上唇左右两侧毛发生长的方向不同，在脱毛过程中应注意观察，分别进行涂抹，如图 3–20 所示。

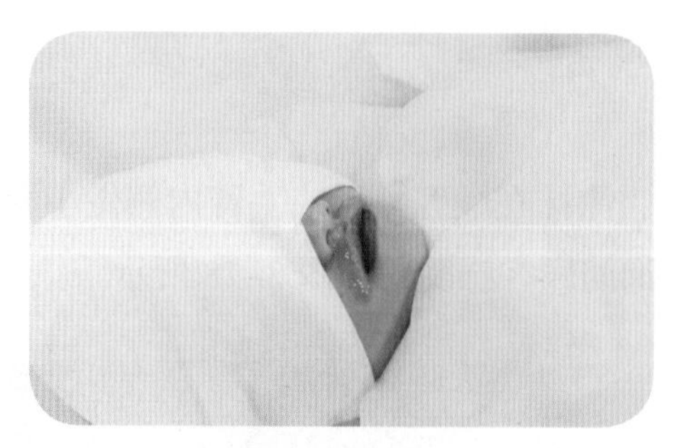

图 3–20　涂脱毛霜

步骤 4　脱毛

5 ~ 8 分钟后（可根据不同的产品调整等待时间），先用蜡棒逆着毛发生长方向轻轻刮下一小块皮肤上的脱毛霜，若唇毛轻易便脱离皮肤，则用蜡棒逆着毛发生长方向将脱毛霜及毳毛刮下，如图 3–21 所示，或用湿棉片逆着毛发生长方向将脱毛霜及毳毛一同擦除。

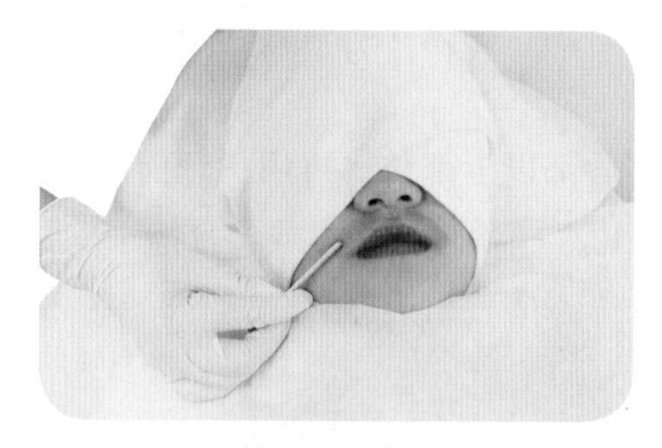

图 3–21　脱毛

步骤 5　脱毛后清洁

立即用湿棉片或湿洁面巾清洁脱毛部位。

步骤 6　结束工作

清洁干净后，用双手或棉片对脱毛部位涂抹毛发延缓液和修复舒缓霜，如图 3–22 所示。同时，嘱咐顾客脱毛后的注意事项。

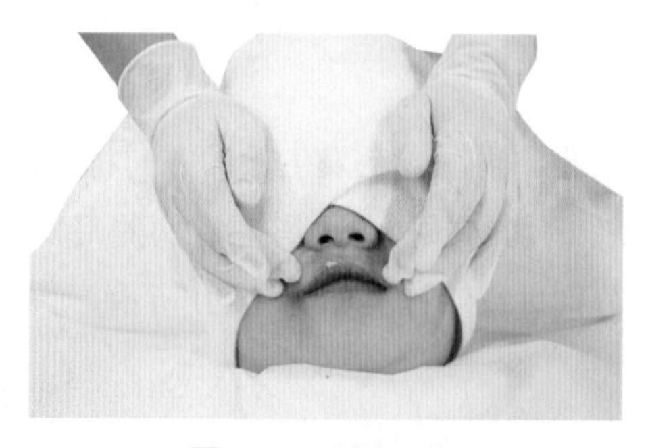

图 3–22　结束工作

注意事项

1. 面部皮肤较敏感，脱毛霜对皮肤的刺激较大，若长时间附着于皮肤上，会伤害皮肤，因此在使用时，应注意等待时间不可过长。

2. 在操作过程中，使用过的工具和未使用的工具应分开摆放，以免污染。

3. 脱毛服务需间隔 3 ~ 4 周。

四肢脱毛

操作准备

1. 用品、用具准备：熔蜡器、护理前清洁液、毛发延缓液、修复舒缓霜、护理后精华液、软蜡、专用脱毛纸、蜡棒、爽身粉、粉扑、橡胶手套等。

2. 消毒用品、用具：用酒精、一次性消毒剂等对手推车、用具、用品等进行消毒。

3. 手推车布置：根据手推车的大小决定每层要摆放的用品、用具，以方便取用物品和操作，手推车台面应始终确保整洁有序。

4. 顾客准备：保护好顾客头发、衣服及隐私处，确保顾客感觉舒适、安全；观察毛发的生长方向及状况，阅读顾客资料登记表，了解顾客的皮肤状况，向顾客说明脱毛禁忌。

5. 美容师手部准备：美容师在操作前应消毒双手。

操作步骤

步骤 1　熔蜡

用熔蜡器将蜡块熔化备用，温度不要太高，一般 40 ~ 50 ℃为宜，避免烫伤皮肤，如图 3–23 所示。

图 3–23　熔蜡

步骤 2　清洁

佩戴手套，用护理前清洁液以打圈方式彻底清洁脱毛部位，如图 3–24 所示，之后用小毛巾、一次性洁面巾或棉片擦干皮肤。

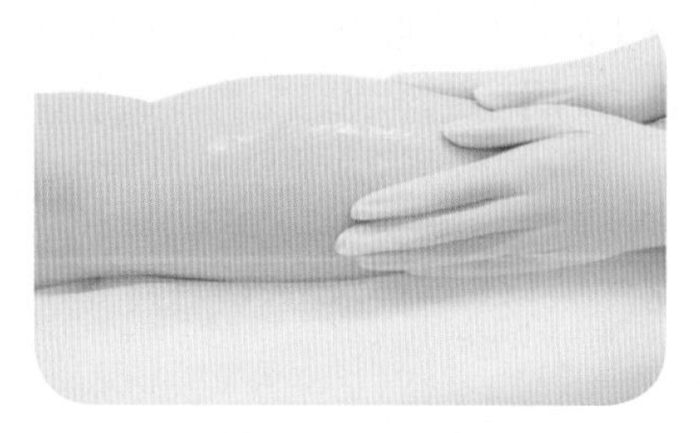

图 3–24　清洁

步骤 3　扑粉

用粉扑将爽身粉薄而均匀地涂于四肢需脱毛处的皮肤上，扑粉量不宜过多，只需保持皮肤干爽即可，肉眼不可看到明显没有涂开的爽身粉，如图 3–25 所示。

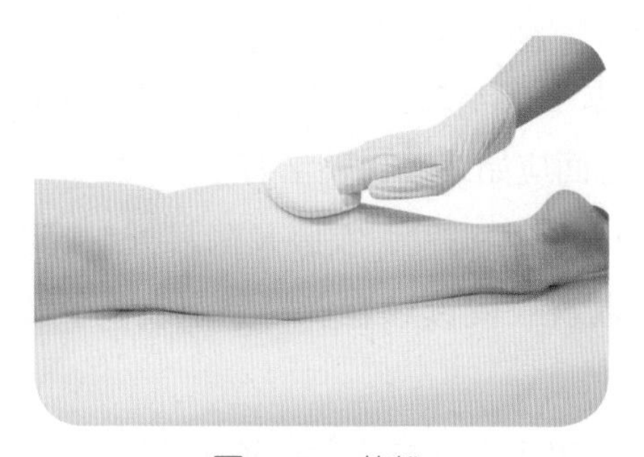

图 3–25　扑粉

步骤 4　试温

先将软蜡涂抹于美容师的手腕内侧，再用专用脱毛纸进行撕蜡，最后用手进行安抚按压，如图 3–26 所示。用同样的方法在顾客的脚踝内侧进行温度测试，如图 3–27 所示，询问顾客是否能接受软蜡的温度。

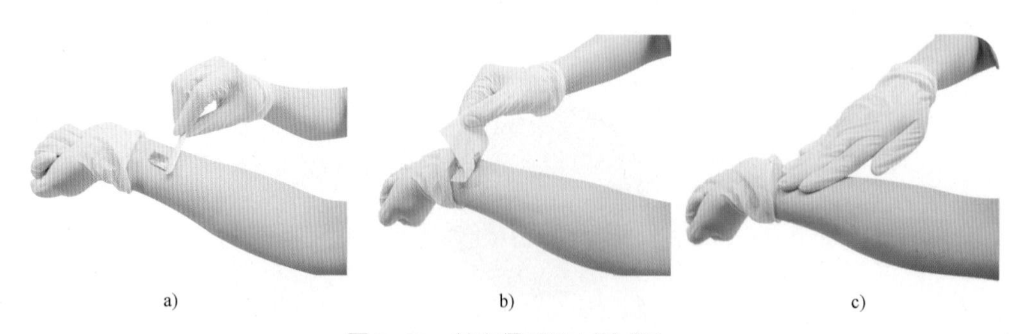

a)　　b)　　c)

图 3–26　美容师手腕内侧试温

a）涂蜡　b）撕蜡　c）安抚

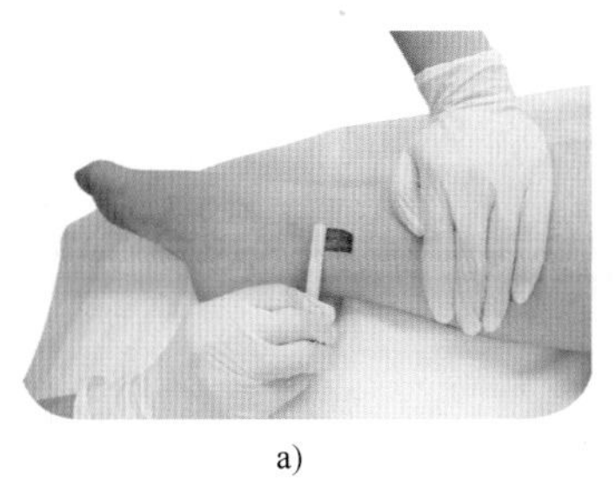
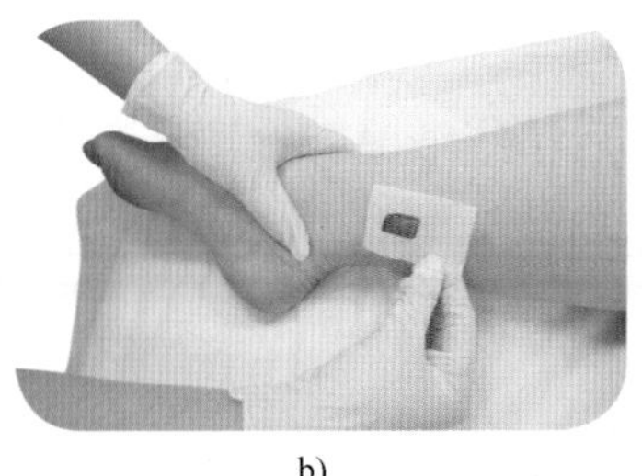
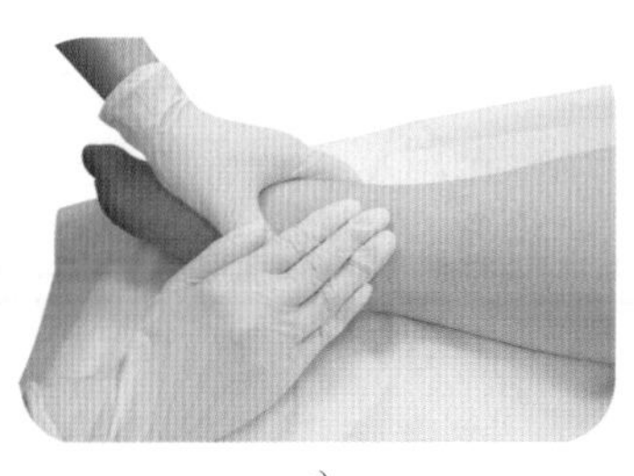

a)　　b)　　c)

图 3-27　顾客脚踝内侧试温

a）涂蜡　b）撕蜡　c）安抚

步骤 5　涂蜡

一手按住脱毛区域上部，使脱毛区域的皮肤绷紧，另一手用蜡棒刮取少量软蜡，用与皮肤成约 45° 的角度顺着毛发生长方向薄而均匀地涂开，如图 3-28 所示。涂蜡时，动作要轻柔，过猛会牵拉毛发，引起疼痛。

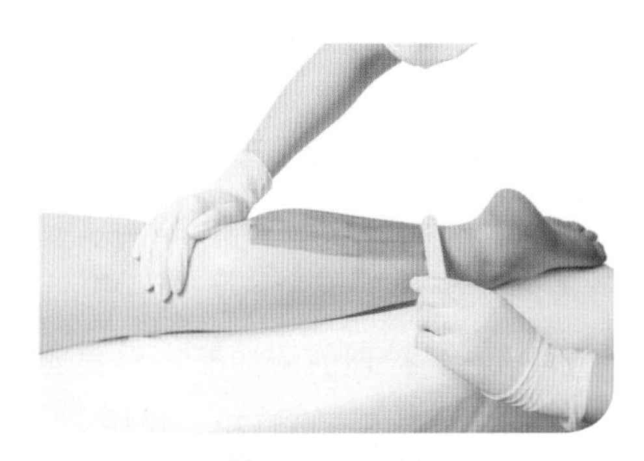

图 3-28　涂蜡

步骤 6　脱毛

将专用脱毛纸铺在蜡面上，用手指或手掌将毛发、软蜡和专用脱毛纸黏合在一起，一手按住脱毛区域的下方，另一手将专用脱毛纸逆着毛发生长方向快速揭下，之后立即用手安抚按压 3 ~ 5 秒，如图 3-29 所示。继续用同样的方法对其余部位进行脱毛。

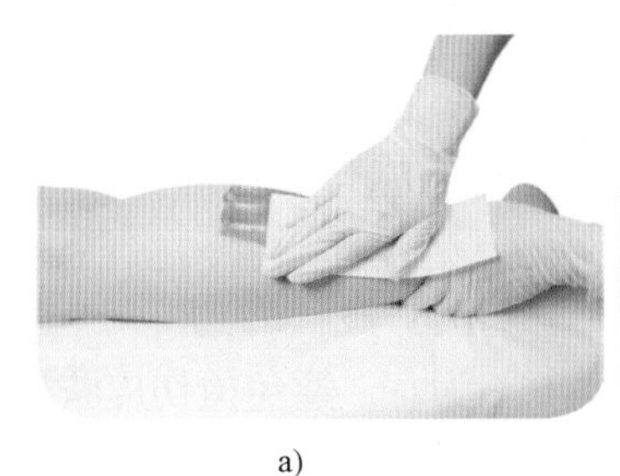
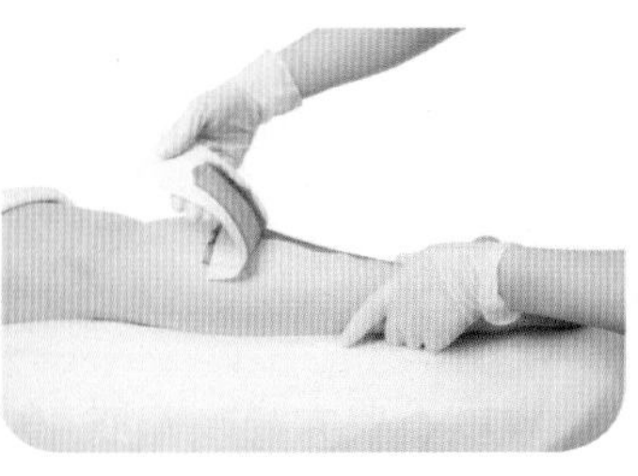
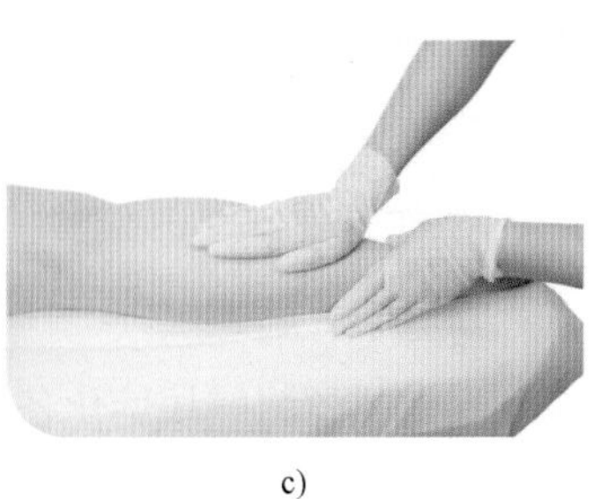

a)　　b)　　c)

图 3-29　脱毛

a）铺专用脱毛纸　b）撕蜡　c）安抚

步骤 7　结束工作

先用双手或棉片将护理后精华液涂抹在脱毛部位的皮肤上，可彻底清除皮肤上的残留如残蜡等；再用相同的方法涂抹毛发延缓液和修复舒缓霜，帮助减轻皮肤的不适感。同时，嘱咐顾客脱毛后的注意事项。

注意事项

1. 软蜡温度过高容易烫伤顾客，因此在涂软蜡前必须试温。

2. 涂蜡一定要顺着毛发生长方向；揭纸时一定要逆着毛发生长方向，且动作要快，否则会使顾客感觉疼痛。

3. 脱毛要彻底，若有个别残留毛发，则用镊子拔除。

4. 同一部位不可重复上蜡。

5. 在操作过程中，使用过的工具和未使用的工具应分开摆放，以免污染。

6. 脱毛服务需间隔 3 ~ 4 周。

腋下脱毛

操作准备

1. 用品、用具准备：熔蜡器、护理前清洁液、毛发延缓液、修复舒缓霜、护理后精华液、硬蜡、专用脱毛纸、蜡棒、爽身粉、粉扑、小剪刀、橡胶手套等。

2. 消毒用品、用具：用酒精、一次性消毒剂等对手推车、用具、用品等进行消毒。

3. 手推车布置：根据手推车的大小决定每层要摆放的用品、用具，以方便取用物品和操作，手推车台面应始终确保整洁有序。

4. 顾客准备：保护好顾客头发、衣服及隐私处，确保顾客感觉舒适、安全；观察毛发的生长方向及状况，阅读顾客资料登记表，了解顾客的皮肤状况，向顾客说明脱毛禁忌。

5. 美容师手部准备：美容师在操作前应消毒双手。

操作步骤

步骤 1　熔蜡

用熔蜡器将蜡块熔化备用，温度不要太高，一般 40 ~ 45 ℃为宜，避免烫伤皮肤。

步骤 2　修剪腋毛

修剪腋毛要注意长短合适，太长或太短均会影响脱毛效果。将腋毛剪短，留约 1 cm 长即可，如图 3–30 所示，以方便涂蜡，并增加蜡的附着力。

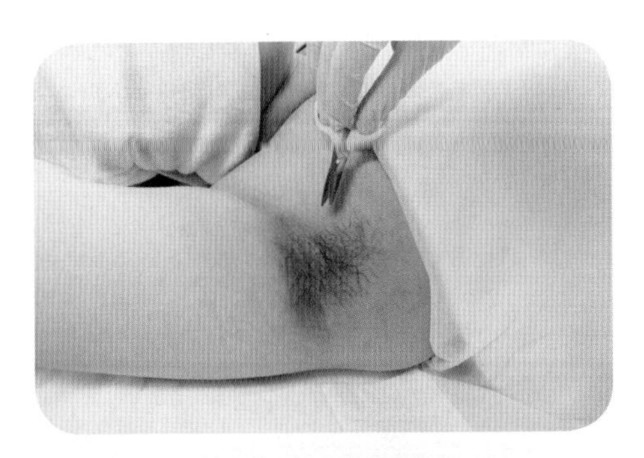

图 3–30　修剪腋毛

步骤 3　清洁

佩戴手套，用护理前清洁液以打圈方式彻底清洁脱毛部位，如图 3–31 所示，之后用小毛巾、一次性洁面巾或棉片擦干皮肤。

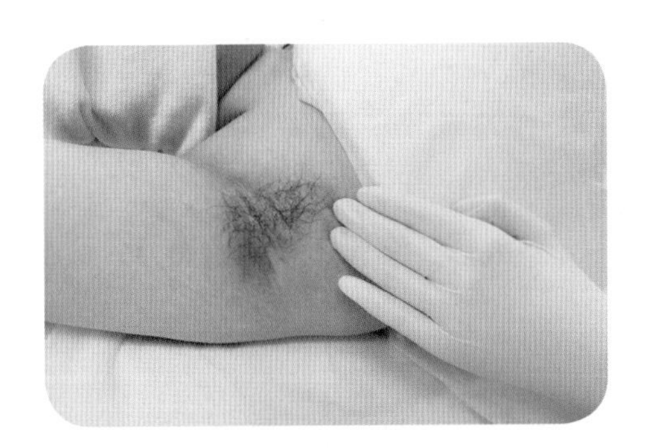

图 3–31　清洁

步骤 4　扑粉

用粉扑将爽身粉薄而均匀地涂于腋下皮肤上，扑粉量不宜过多，只需保持皮肤干爽即可，肉眼不可看到明显没有涂开的爽身粉，如图 3–32 所示。

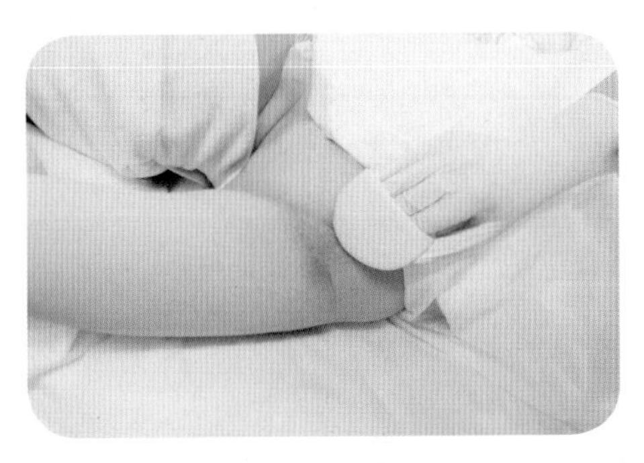

图 3–32　扑粉

步骤 5　试温

先将硬蜡涂抹于美容师的手腕内侧，再撕蜡，最后用手进行安抚按压，如图 3–33 所示。用同样的方法在顾客的手腕内侧进行温度测试，如图 3–34 所示，询问顾客是否能接受硬蜡的温度。

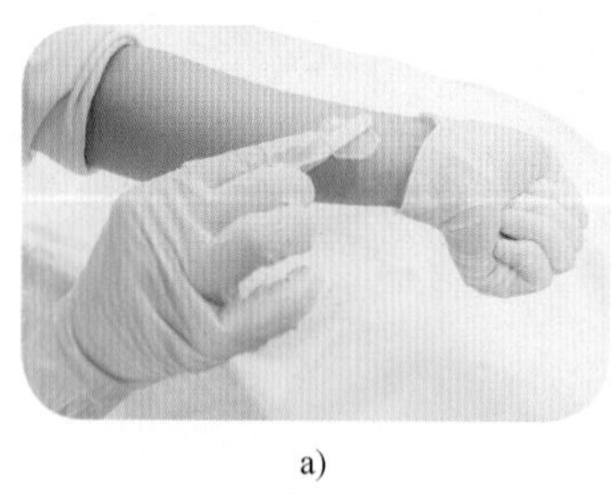
a)

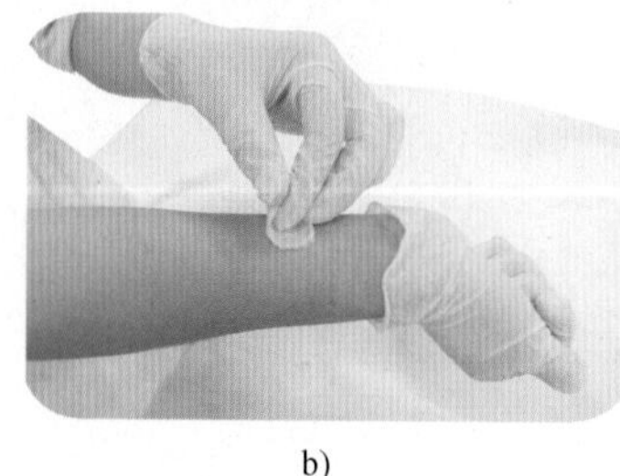
b)

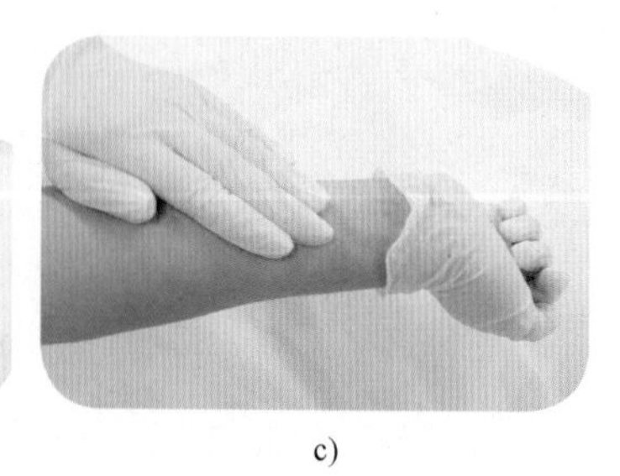
c)

图 3–33　美容师手腕内侧试温

a）涂蜡　b）撕蜡　c）安抚

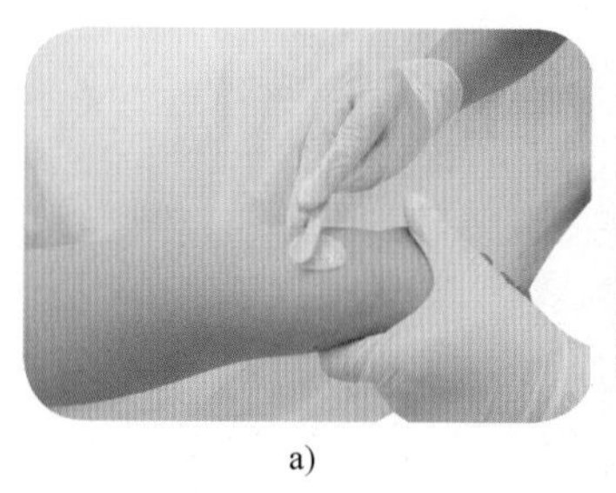
a)

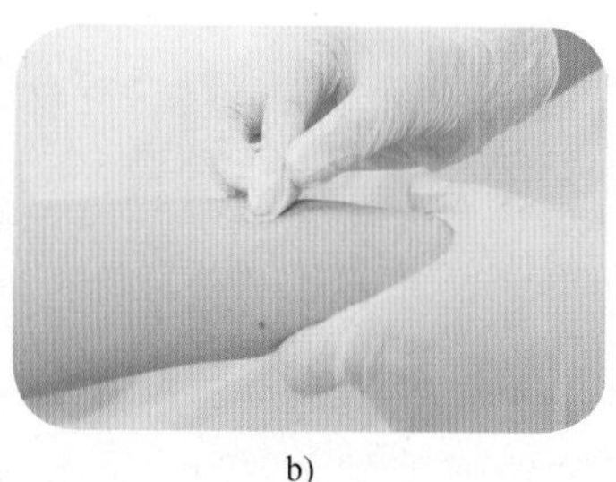
b)

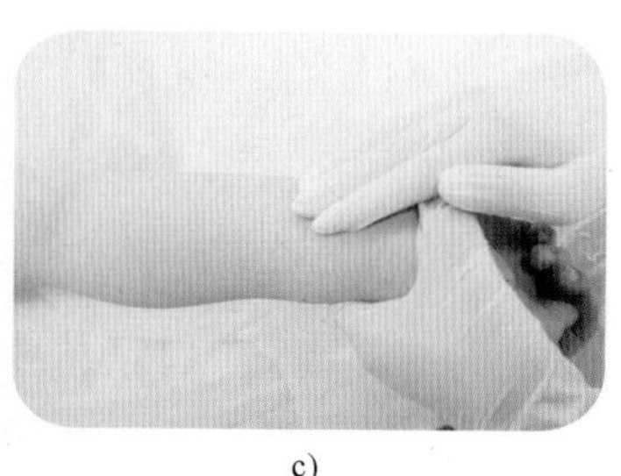
c)

图 3–34　顾客手腕内侧试温

a）涂蜡　b）撕蜡　c）安抚

步骤 6　涂蜡

一手将脱毛区域的皮肤撑开，使其达到绷紧状态，另一手用蜡棒取一定量的硬蜡，在脱毛区域打圈涂抹，如图 3–35 所示。用手轻压涂抹处，使蜡与毛发完全贴合。蜡块边缘应清晰且要有 2 ～ 3 mm 的厚度。

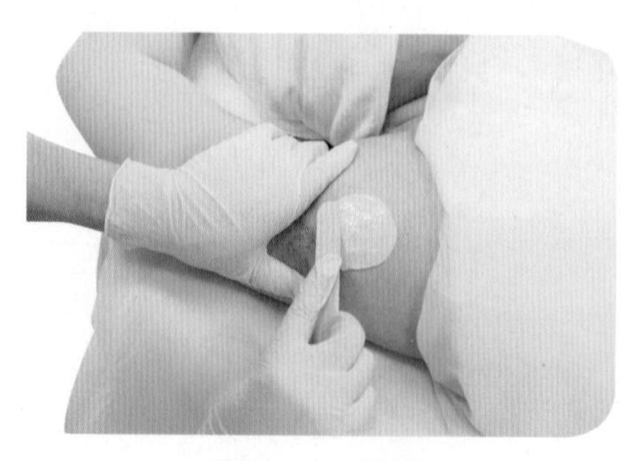

图 3–35　涂蜡

步骤 7 脱毛

待硬蜡冷却凝固后，先轻启一角，美容师一手绷紧腋下靠近手臂一侧的皮肤，另一手快速逆着毛发生长方向将硬蜡揭下，揭下后立即用手安抚按压 3 ~ 5 秒，以减轻痛感，如图 3–36 所示。继续用同样的方法对其余部位进行脱毛，未脱净的部位可反复上蜡。

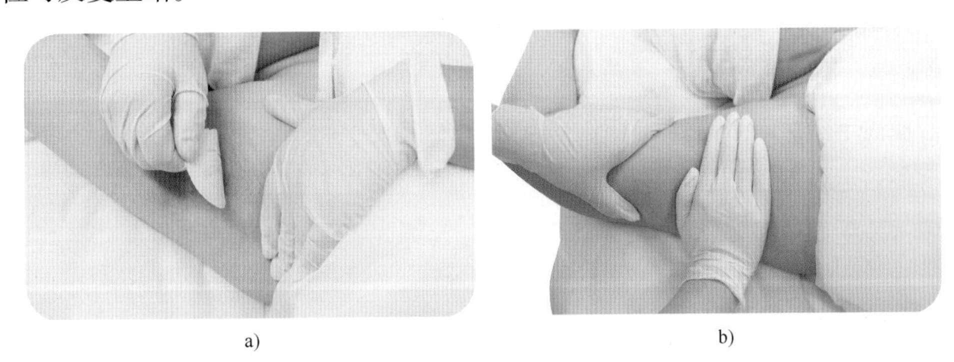

a)　　b)

图 3–36 脱毛

a）一手绷紧腋下皮肤，另一手快速揭蜡　b) 安抚

步骤 8 结束工作

先用手或棉片将护理后精华液涂抹在脱毛部位的皮肤上，可彻底清除皮肤上的残留如残蜡等；再用相同的方法涂抹毛发延缓液和修复舒缓霜，帮助减轻皮肤的不适感，如图 3–37 所示。同时，嘱咐顾客脱毛后的注意事项。

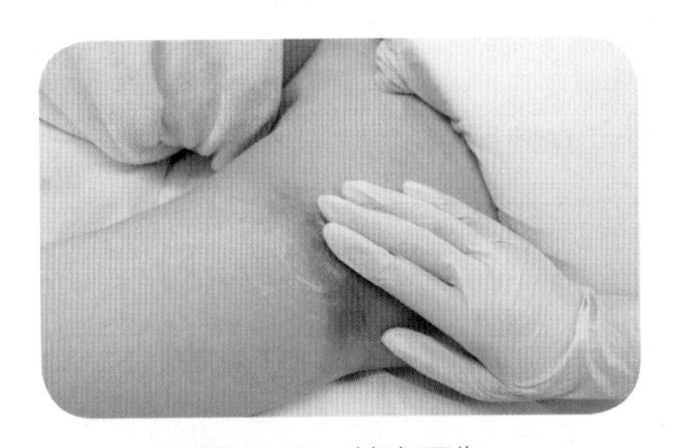

图 3–37 结束工作

注意事项

1. 硬蜡温度过高容易烫伤顾客，因此在涂硬蜡前必须试温。
2. 涂蜡动作要快，以避免因蜡冷却凝固而影响脱毛效果。
3. 涂蜡动作要轻柔，蜡块需边缘清晰，成姜片状。
4. 脱毛时一定要逆着毛发生长方向，动作要快，否则会使顾客感觉疼痛。
5. 在操作过程中，使用过的工具和未使用的工具应分开摆放，以免污染。
6. 脱毛服务需间隔 3 ~ 4 周。

培训单元 5　脱毛禁忌、副作用与注意事项

了解脱毛禁忌。

了解脱毛副作用。

掌握脱毛后注意事项。

一、脱毛禁忌

有以下情况者，严禁脱毛：

- 皮肤严重敏感的人；
- 脱毛部位皮肤新近受伤（如晒伤、刮伤、烫伤、咬伤等）或发炎的人；
- 皮肤极其干燥的人；
- 患有传染病、皮肤病或糖尿病的人；
- 脱毛部位有特别黑痣或痣上有毛的人；
- 静脉曲张的人；
- 近期进行过去角质或肉毒杆菌 / 骨胶原注射的人；
- 近期做过美容手术、激光治疗、阳光浴或被晒伤的人；
- 一星期内使用过含维 A 酸、果酸、漂白剂等成分的化妆品的人；
- 口服可体松或服用治疗粉刺的处方药物如 Acutane（青春痘特效药）的人。

二、脱毛副作用

1. 小肿块和毛囊炎

毛发生长于皮肤的毛囊中，拔毛时，这些毛发被用力拉出，自然会对皮肤造成刺激而可能产生炎症并出现小肿块。这些小肿块通常在一两天内自行消失。有

时，小肿块可能感染并产生充满液体的白色小脓疱，需要较长一段时间才能自行消失。

若脱毛后几天才形成突起的小肿块，形状像粉刺，则说明引起了毛囊炎。这种肿胀、发炎一般是由于毛发横断在毛囊里，不能伸展到皮肤表面而刺激了毛囊，继而感染细菌引起的。

2. 皮肤发红

皮肤发红有两种原因，一种是因为拔除毛发的过程拉扯到了皮肤，另一种是因为蜡温。

将毛发从毛囊中拔除易引起皮肤立即发红，这大部分是由于拉扯到皮肤所致，特别是对于敏感皮肤。这属于正常反应，通常会在一天内消退。

由于软蜡、硬蜡需要加热使用，热量导致血管扩张，更多的血液流入蜡接触区域，血流量增加会导致皮肤发红。冷却皮肤能使血管收缩，从而消除红肿。

三、软蜡和硬蜡脱毛导致皮肤创伤的原因

1. 操作时，没有遵守顺着毛发生长方向涂抹、逆着毛发生长方向揭蜡的原则。

2. 揭蜡时没有按照与皮肤平行的角度操作，上提而导致造成皮肤创伤。

3. 用软蜡脱毛时，在同一部位重复上蜡脱毛两次以上。

4. 蜡温过高，涂蜡和撕蜡时没绷紧皮肤。

5. 在身体转弯部位撕蜡。脱毛时只能顺着一个方向，呈平面或直线，不能在身体转弯部位脱毛。

6. 顾客近期做过深层去角质，特别是化学性去角质。

7. 顾客近期使用过含果酸等的化妆品，或进行过激光治疗，或皮肤晒伤等。

8. 月经前后、怀孕期的女性皮肤较敏感，易拉伤。

9. 顾客在服用处方药物，如维 A 酸类药物。

四、预防、缓解症状方法

1. 操作过程中，随时观察顾客皮肤反应，若发现过敏症状或创伤，应立即停止操作，并及时清洁、镇静皮肤。

2. 脱毛后，应立即用正确的方法彻底清洁干净脱毛部位的皮肤。

3. 及时使用含芦荟胶、茶树精油、橄榄油、椰子油、金缕梅，或有抗炎、镇静作用的产品涂抹皮肤。

4. 嘱咐顾客根据自身皮肤状况一周或更长时间内不使用去角质产品，不进行蒸汽浴，不游泳且注意防晒；若皮肤症状严重，应立即就医。

五、脱毛后注意事项

1. 脱毛后，不能立即用一般清洁用品或热水清洁脱毛部位，4 ~ 6 小时后方可。
2. 脱毛后，不能立即游泳或晒日光浴。
3. 脱毛后，不能用手抓刮脱毛部位的皮肤。
4. 脱毛后，不能立刻穿紧身衣裤或丝袜。
5. 面部脱毛后，不能立即化妆。

思考题

1. 什么是永久性脱毛？
2. 什么是化学性脱毛？
3. 什么是物理性脱毛？
4. 脱毛后有哪些注意事项？
5. 脱毛有哪些禁忌？

培训项目 2　烫睫毛

培训单元 1　烫睫毛基础知识

掌握睫毛基础知识。

掌握烫睫毛的原理。

一、睫毛基础知识

1. 眼睛与睫毛

眼睛是人类感官中重要的视觉器官，能辨别不同的视觉信息，并将这些信息转变成神经信号传递给大脑。

眼睛通常指包括眼球及眼附属器官在内的整个区域。眼球位于眼眶内，包括眼球壁、内容物等。眼附属器包括眼睑、结膜、泪器、眼外肌等。眼睑即人们通常所说的眼皮，位于眼球前方，分上、下眼睑。眼睑间的裂缝称为睑裂，内、外两端分别称为内眦和外眦，内眦呈钝圆形。眼睑从外向内由皮肤、肌层、纤维层和睑结膜组成，是保护眼球的重要结构。眼睑的游离缘称为睑缘，是皮肤和黏膜的交界部位，睑缘上有斜向生长的粗毛，称为睫毛。这些毛没有立毛肌，有皮脂腺，开口于毛囊。

睫毛对眼睛有保护作用，是眼睛的一道防线。若尘埃等异物碰到睫毛，眼睑会反射性地合上，从而保护眼球不受外来物侵犯。睫毛还能遮光，防止紫外线对眼睛造成伤害。对睫毛进行烫、染、嫁接等美化服务时，要特别注意产品的选择与安全使用，以及操作的规范性，以免对眼睛造成伤害。

2. 睫毛的位置、数量与长度

睫毛位于上、下眼睑处，在睑裂边缘排列成 2 ~ 3 行，短而弯曲。上眼睑的睫毛多而长，通常为 100 ~ 150 根，长度为 8 ~ 12 mm，稍向前上方弯曲。下眼睑的睫毛短而少，通常为 50 ~ 80 根，长度为 6 ~ 8 mm，稍向前下方弯曲。闭眼时，上、下睫毛一般不交织。上、下眼睑中部的睫毛较长、较多，内眦部的睫毛较短。

3. 睫毛的颜色

睫毛的颜色一般较头发深，基本不会因年老而变白（偶尔可见数根老年性白睫毛），但也可由于某种疾病如白化病等而变成白色。

4. 睫毛的生理结构

（1）睫毛毛囊。睫毛与其他毛发一样，主要由角质蛋白组成，分为毛干和毛根两部分，毛根周围包有上皮组织和结缔组织组成的毛囊。毛囊虽小，但却相当复杂，简单地说，就是包围在毛根部的囊状组织，是用来生长毛发的器官。睫毛毛囊神经丰富，因此睫毛很敏感，触动即可引起瞬目反应（即眨眼）。睫毛毛囊周围有汗腺及皮脂腺，它们的排泄管开口于睫毛毛囊中。

睫毛毛囊若长年累月受化学物质伤害或物理性刺激，慢慢地就会被损伤，发生病变，逐渐萎缩，从而导致睫毛脱落。此外，皮肤病、营养不良等也会直接影响睫毛毛囊的生命力，造成其进入休止期甚至死亡，从而不再长出新的睫毛。在日常生活中，不正确的美睫操作或人为拔睫毛会造成感染等，从而破坏睫毛毛囊，造成睫毛缺失。

（2）睫毛毛小皮。与其他毛发一样，睫毛的毛小皮具有防水功能，可以阻挡水或烫染产品对睫毛内部的渗透。若对睫毛进行过度烫染，则会使原本能保护睫毛内部、有铠甲作用的毛小皮变得容易剥落，因而影响睫毛健康。

（3）睫毛皮质。与其他毛发一样，睫毛的皮质具有亲水性。过度烫睫毛会对皮质中的蛋白质造成破坏，导致水分含量下降，使睫毛变得干燥而失去弹性。

（4）睫毛髓质。没有髓质的睫毛会失去韧性，容易断掉。

5. 睫毛的生长周期

睫毛在人体毛发中的寿命最短，平均寿命为 3 ～ 5 个月。

（1）生长期：睫毛从毛囊基部开始生长，以连续生长为特征。

（2）退行期：睫毛生长成熟，开始停止生长，但不会脱落。

（3）休止期：睫毛开始从皮肤表面脱落，新的睫毛开始生长，重复新一轮生长周期。

当一根睫毛脱落之后，新睫毛便会很快长出，约 1 周时间就可以长 1 ～ 2 mm，约 10 周后能够长到正常的长度。当然，因每个人的代谢速度不同，具体的生长速度也存在差异。睫毛生长最活跃的时候是晚上 10：00 至早上 2：00，这一时期保证充足的睡眠可促进睫毛生长。

每个人的睫毛在同一时间处于不同的生长阶段，有的睫毛在脱落，有的睫毛在生长，当然，睫毛的总体数量基本不会变。

二、睫毛美化与修饰

睫毛排列呈半弧形，拥有浓密、纤长、卷翘的睫毛不仅可以衬托眼睛，增添眼睛的神韵，使眼睛变得更生动迷人，从而提升整体容貌的美感，还能更有效地阻挡灰尘、飞虫等对眼睛的侵入，减少强光对眼睛的刺激等。

睫毛是重要的面部修饰部位之一，人们常采用夹睫毛、刷睫毛膏、贴假睫毛、烫睫毛、接睫毛等方法美化睫毛。同时，人们还常采用画眼线、纹眼线等手段来弥补睫毛疏淡的不足。

对于追求自然风格的女性而言，烫睫毛是使平直、下垂的睫毛变得卷翘的快捷而又较长效的方法。

三、烫睫毛的定义与原理

烫睫毛是先通过专用卷杠将睫毛卷出合适的卷翘度，再用烫睫毛专用药水进行软化与定型，使睫毛在一定时间内保持卷翘度的一种美容技术。

烫睫毛的原理与烫头发的原理类同，就是通过睫毛烫剂、睫毛定型剂和睫毛卷杠的化学和物理作用的结合，使睫毛内部分子结构中的化学键发生变化，产生睫毛卷翘度改变的效果。睫毛烫剂可使睫毛的角质蛋白之间的分子连接结构部分断开，睫毛变得柔软（即软化）。此时，利用睫毛卷杠使睫毛卷曲，再用睫毛定型剂使重新组合的角质蛋白结构固定下来，使睫毛的形状、性质发生变化。

烫睫毛可以使睫毛看起来更明显，眼睛显得大而有神。烫睫毛前后对比如图3-38所示。与夹睫毛相比，烫睫毛的保持时间更长，能解决夹睫毛后短时间内会变直的问题。

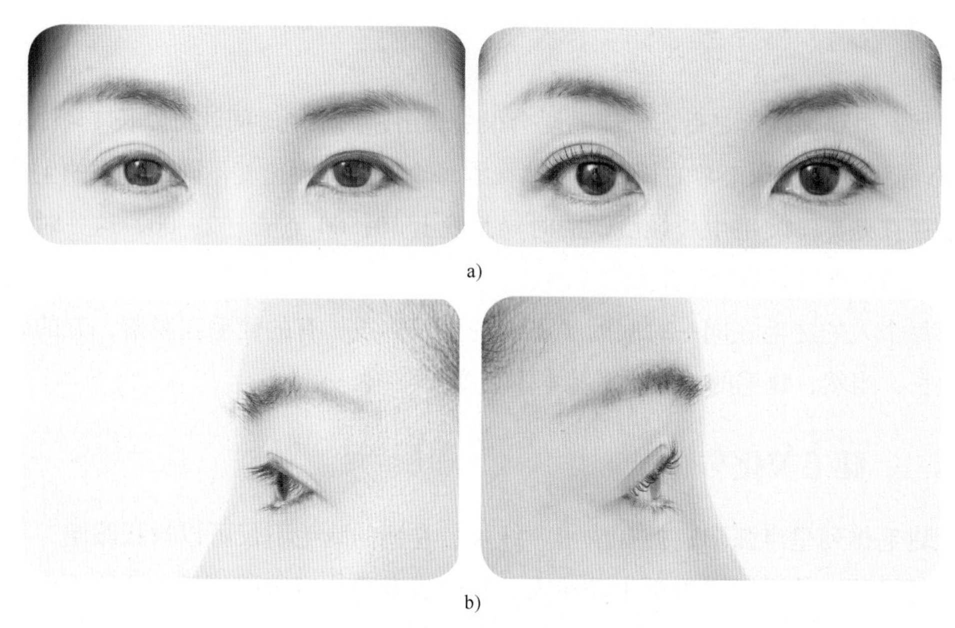

a）

b）

图3-38 烫睫毛前后对比

a）正面效果对比 b）侧面效果对比

培训单元2 烫睫毛用品、用具

培训重点

了解烫睫毛用品、用具的种类。

能根据顾客睫毛长度选择睫毛卷杠。

一、烫睫毛用品、用具的种类

1. 烫睫毛专用用品、用具

烫睫毛专用用品、用具包括：各种型号的睫毛卷杠、睫毛固定胶、睫毛烫剂、睫毛定型剂、睫毛滋养霜等。

（1）睫毛卷杠。睫毛卷杠一般为棉质，横截面多为圆形，长度为 3.5 ~ 4 cm，如图 3–39a 所示。睫毛卷杠也有硅胶材质的，横截面一侧为平面，另一侧为弧形，平面一侧粘贴于眼皮处，弧形一侧向外，用于粘贴睫毛，如图 3–39b 所示。

使用时，观察顾客的睫毛长度，了解顾客想要的睫毛卷翘度。对于睫毛较长（10 ~ 12 mm）的顾客，应选择大号（L 号）睫毛卷杠；对于睫毛长度中等（8 ~ 10 mm）的顾客，应选择中号（M 号）睫毛卷杠；对于睫毛较短（6 ~ 8 mm）的顾客，应选择小号（S 号）睫毛卷杠。另外，对于想要自然卷翘度的顾客，应选择偏大一号的睫毛卷杠。各厂家生产的睫毛卷杠的粗细度及标号有所不同，实际操作中选用什么尺寸的睫毛卷杠要视具体情况而定。

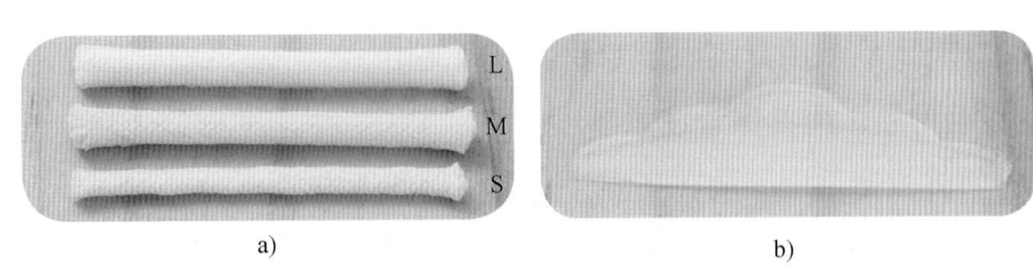

图 3–39 睫毛卷杠

a）棉质睫毛卷杠 b）硅胶睫毛卷杠

（2）睫毛固定胶。睫毛固定胶的主要成分为水、天然树脂、纤维素、香叶醇、柠檬烯、芦荟提取物、橡树提取物等。睫毛固定胶用来将睫毛卷杠固定在眼皮上，以及将睫毛固定在睫毛卷杠上。

（3）睫毛烫剂。睫毛烫剂的主要成分为水、乙酸铵盐、碳酸氢铵、二丙二醇、水解胶原蛋白、乙醇胺等。睫毛烫剂是烫睫毛中的第一剂，能帮助打开毛鳞片，以便根据需要改变睫毛的形状。睫毛烫剂多为膏状。

（4）睫毛定型剂。睫毛定型剂的主要成分为水、过氧化氢、甘油、羟基苯甲酸甲酯钠、磷粉等。睫毛定型剂是烫睫毛中的第二剂，起定型作用。睫毛烫剂与睫毛定型剂不可用烫头发的相关产品代替。

（5）睫毛滋养霜。睫毛滋养霜用于烫睫毛后滋养睫毛，主要成分为凡士林、蓖麻油、芦荟精华、没食子酸等，不同品牌的产品成分会有所不同。

2. 烫睫毛辅助用品、用具

烫睫毛辅助用品、用具包括：水盆（盛温水）、卸妆液、棉片、棉签、橘木棒、睫毛小梳子、毛巾、高密度薄膜、隔离眼贴膜等。

二、烫睫毛用品、用具使用与保管注意事项

1. 烫睫毛用品、用具使用注意事项

（1）对用具要严格消毒，做到“一客一用”。

（2）每次使用用品如睫毛烫剂时，要挤掉第一滴液体（可能已氧化）。

（3）为避免交叉感染，建议使用一次性的棉质睫毛卷杠，用后丢弃，不重复使用。若使用硅胶睫毛卷杠，则使用前、后要消毒。

（4）切勿用金属工具取用睫毛烫剂与睫毛定型剂。

（5）避免用品碰到顾客眼部皮肤或眼睛。

（6）对于睫毛固定胶、睫毛烫剂、睫毛定型剂等产品，每次使用后要盖紧盖子。

（7）烫睫毛用品、用具仅限于专业美容师使用。

2. 烫睫毛用品、用具保管注意事项

（1）请勿将烫睫毛用品放在高温、阳光直射的地方。

（2）烫睫毛用品、用具具有最佳使用期，超出有效期的烫睫毛用品、用具应不再使用。

培训单元 3　烫睫毛的程序与操作要求

掌握烫睫毛的程序与操作要求。

能烫睫毛。

一、烫睫毛的程序

烫睫毛的程序如图 3–40 所示。

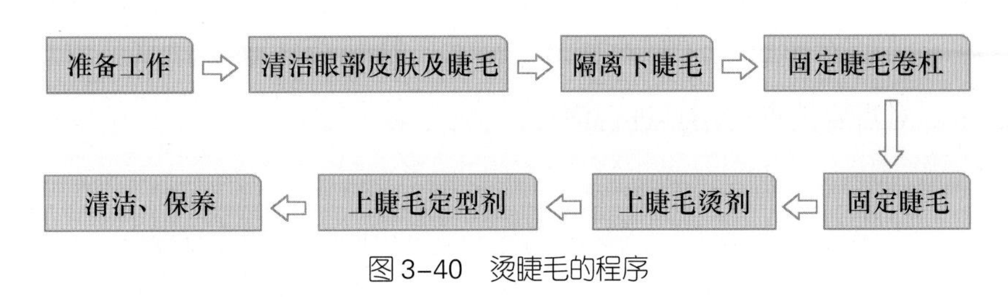

图 3–40　烫睫毛的程序

二、烫睫毛的操作要求

1. 要熟练掌握烫睫毛用品、用具的使用。

2. 能帮助顾客选择合适的睫毛卷杠型号，睫毛卷杠放置的位置、睫毛固定的角度要正确规范。

3. 睫毛烫剂和睫毛定型剂的用量和用时要准确，具体应根据产品使用要求及顾客自身睫毛的粗细、软硬程度而定。

烫睫毛前的准备工作

操作步骤

步骤 1　填写顾客资料，了解过敏史

填写顾客资料，了解顾客的眼睛是否有过敏史，了解顾客皮肤的敏感度，了解顾客是否烫过睫毛并是否有烫睫毛过敏史。

步骤 2　皮肤过敏测试

取少量睫毛烫剂涂于顾客手臂内侧，并用高密度薄膜盖住，等待 10 分钟左右。若顾客皮肤出现红肿、痒等过敏反应，请勿给顾客提供烫睫毛服务。

步骤 3　了解顾客喜好

了解顾客喜好，以便能达到顾客想要的烫睫毛效果。

步骤 4　确定睫毛卷杠型号

根据顾客的眼形、睫毛状况及顾客的喜好，选择合适的睫毛卷杠型号。

步骤 5　准备用品、用具

清洁并消毒双手，对手推车、工作台、工具进行消毒；准备好烫睫毛用品、用具，检查产品有效期，过期产品不予使用；放置好烫睫毛用品、用具，如图 3–41 所示，对需要消毒的用具进行消毒。

图 3–41　放置好烫睫毛用品、用具

注意事项

1. 若顾客戴美瞳或隐形眼镜，需请其取下后再进行烫睫毛。

2. 对于皮肤敏感的顾客，一定要做好皮肤过敏测试。

烫睫毛

操作步骤

步骤 1　消毒双手

用消毒洗手液对双手进行清洁、消毒。

步骤 2　清洁眼部皮肤及睫毛

若顾客未化妆，则先用棉片取水性卸妆液进行眼部卸妆，特别是要对睫毛及睫毛根部皮肤进行重点清洁，再用棉片蘸温水进行清洁，最后用纸巾拭干。若顾客化了妆，则先用水油性卸妆液进行眼部卸妆，再用水性卸妆液进行上述清洁操作。

步骤3　隔离下睫毛

取隔离眼贴膜沿着下睑缘将下睫毛覆盖，注意隔离眼贴膜不能触碰眼球。

步骤4　固定睫毛卷杠

（1）取出一对睫毛卷杠（棉质），将其头尾交叠弯曲后放在边上备用，如图3–42所示。

图3–42　弯曲睫毛卷杠

（2）在靠近睫毛根部的上眼皮处，涂抹一层薄薄的睫毛固定胶。

（3）将睫毛卷杠按上睑缘的弧度定型，再将其粘在涂抹了睫毛固定胶的眼皮上。

步骤5　固定睫毛

（1）在已固定好的睫毛卷杠上涂抹一层薄薄的睫毛固定胶。

（2）用橘木棒的斜口面将每一根睫毛粘在睫毛卷杠上，注意应使睫毛从根部开始至中间部位垂直紧粘在睫毛卷杠上，睫毛尖部不用固定，如图3–43所示。

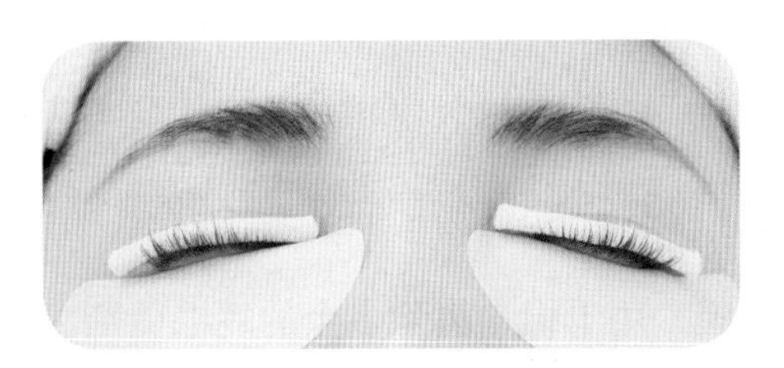

图3–43　将睫毛固定在睫毛卷杠上

步骤6　上睫毛烫剂

（1）打开睫毛烫剂产品的盖子，挤掉第一滴靠近瓶口、已氧化的睫毛烫剂。

（2）用橘木棒的斜口面取适量睫毛烫剂，如图3–44所示，顺着睫毛生长的方向，将睫毛烫剂均匀涂在固定好的睫毛的中部和根部，注意涂根部时要涂得薄而均匀，且要离开皮肤2 mm。睫毛尖部不要涂抹。

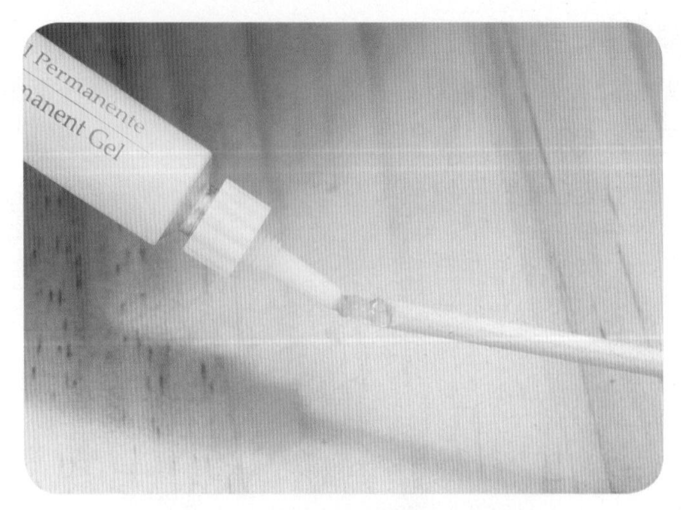

图 3–44　用橘木棒取适量睫毛烫剂

（3）用高密度薄膜盖住顾客的睫毛，如图 3–45 所示，再在顾客眼部盖上干毛巾，等待 10 ～ 15 分钟，具体时间根据产品使用要求确定。

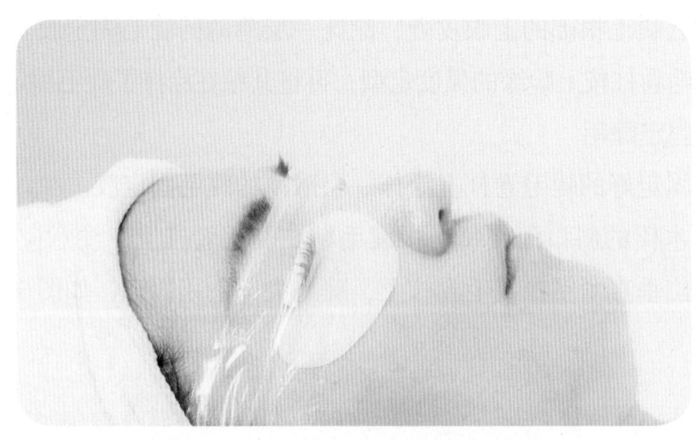

图 3–45　用高密度薄膜盖住顾客的睫毛

（4）取下毛巾和薄膜，用干棉签去除多余的睫毛烫剂。

步骤 7　上睫毛定型剂

（1）用橘木棒或棉签取适量睫毛定型剂，顺着睫毛生长的方向，从睫毛根部向中间部位涂抹均匀。

（2）将干净的高密度薄膜覆盖在顾客睫毛上，再在顾客眼部盖上干毛巾，等待 10 ～ 15 分钟（具体时间根据产品使用要求确定）后，取下毛巾和薄膜。

步骤 8　清洁、保养

（1）将棉签打湿，轻轻擦拭睫毛，去除多余产品，如图 3–46 所示。

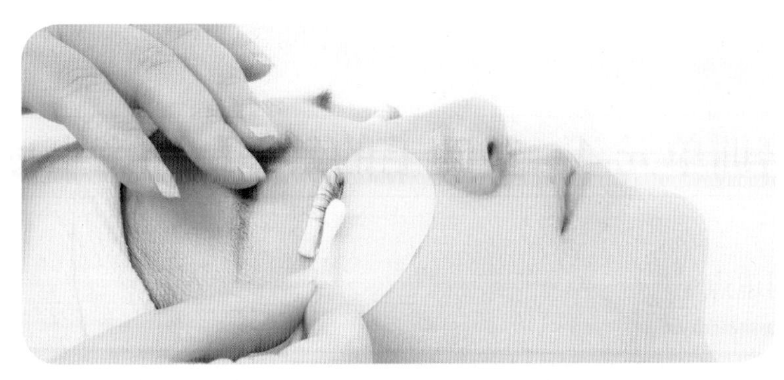

图 3–46　擦拭睫毛，去除多余产品

（2）倒少许温水在棉片上，控干，将湿棉片覆盖在睫毛卷杠上约 30 秒，然后以轻柔打圈的方式取下睫毛卷杠。

（3）用干净的湿棉片轻轻擦拭睫毛及眼部皮肤，做好清洁工作。

（4）将睫毛滋养霜刷在睫毛上，并梳理睫毛，最终效果如图 3–47 所示。

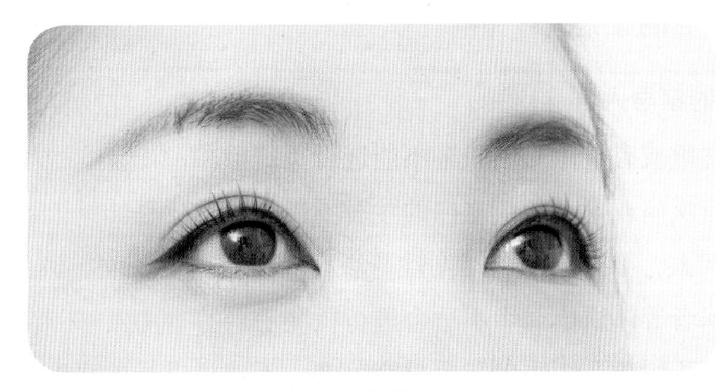

图 3–47　烫睫毛效果

注意事项

1. 固定睫毛时，睫毛不能聚在一起，更不能东倒西歪，要顺直并均匀分散开。

2. 上睫毛烫剂时，注意不要将其涂抹到毛尖上，也不要将其涂抹到眼皮上，更不能接触顾客眼球。

3. 烫睫毛完毕后，应推荐顾客每日使用睫毛滋养霜，做好保养。

培训单元 4　烫睫毛的禁忌与注意事项

熟悉烫睫毛的禁忌。

熟悉烫睫毛的注意事项。

一、烫睫毛的禁忌

1. 烫睫毛的禁忌人群

（1）眼睛过敏或有过敏史的顾客不能进行烫睫毛。

（2）眼睛有疾病或术后一年之内的顾客不能进行烫睫毛。

（3）未成年人，孕妇、哺乳期女性，患有高血压、心脏病、癫痫等疾病的人，以及刚做过手术者等体质虚弱者不适合进行烫睫毛。

（4）睫毛过于稀疏、短小者与要求完美者，不建议进行烫睫毛。

2. 烫睫毛的禁忌事项

（1）睫毛烫剂与睫毛定型剂不能碰到顾客皮肤或流进顾客眼睛里。

（2）睫毛烫剂与睫毛定型剂在睫毛上的停留时间不宜过长，避免睫毛受损。

二、烫睫毛的注意事项

1. 烫睫毛前的注意事项

（1）烫睫毛前，要给顾客做皮肤过敏测试。若顾客出现过敏反应，则不能进行烫睫毛。

（2）一定要做好卫生消毒工作，避免交叉感染。

2. 烫睫毛中的注意事项

使用睫毛烫剂与睫毛定型剂时，一定要小心，若其不慎进入眼睛，尽快使用滴眼液或蒸馏水冲洗眼睛。

3. 烫睫毛后的注意事项

（1）烫睫毛后第二天方可进行汗蒸、桑拿等，否则会影响睫毛卷翘度。

（2）烫完的睫毛无须再用睫毛夹。

（3）通常烫一次睫毛可以维持 3 个月左右，但因为部分睫毛会先衰老脱落，其脱落部位重新生长出直的睫毛，从而会使整体睫毛显得凌乱。对于追求完美的顾客，可建议其在一个半月或两个月后重新进行烫睫毛，以保持效果。

思考题

1. 烫睫毛的原理是什么？
2. 烫睫毛的用品、用具有哪些？如何选择？
3. 烫睫毛的程序是什么？
4. 烫睫毛的禁忌与注意事项是什么？
5. 如何烫睫毛？

培训项目 3 化日妆

培训单元 1 日妆基础知识

了解日妆的定义与常见类型。

了解日妆的特点。

一、日妆的定义与常见类型

1. 日妆的定义

日妆又称生活淡妆，是指在自然、真实的原则下，对面容进行轻微修饰与润色。日妆用于一般人的日常生活和工作中，是应用最广泛的妆型。这种强调自然的化妆方式适用于各年龄段、各种风格的女性。

2. 日妆的常见类型

日妆的常见类型有职业妆、休闲妆、时尚妆和裸妆。

（1）职业妆。职业妆是适用于工作环境或与工作相关的社交环境的妆容，妆面简洁，用色简单，线条清晰，色彩多以中性色为主。

（2）休闲妆。休闲妆是适用于非劳动及非工作的闲暇时间（如逛街、游玩时间）的妆容，妆面自然简洁，用色简单。

（3）时尚妆。时尚妆是富有时代感和时尚气息的妆容，区别于一般的美容化妆，主要强调个性美的展示。时尚妆具有较强的随意性，色彩搭配丰富而无局限性，可根据个人的特点和爱好进行描绘。

（4）裸妆。裸妆妆容自然清新，虽精心修饰，但无刻意化妆的痕迹，又称透明妆。裸妆的重点在于粉底要薄，只用淡雅的色彩点缀眼、唇。

二、日妆的特点

1. 日妆应用于自然光线条件中，采用简洁的化妆手法。

2. 对面部轮廓和凹凸结构、五官等的修饰不能太过夸张，在遵循人们原有容貌的基础上适当地进行修饰、调整，掩盖一些缺点，以清晰、自然、少人工雕琢的化妆痕迹为佳，保持与整体形象和谐。

3. 用色简单，在与原有肤色相近的基础上，用淡雅、自然、柔和的色彩适当美化人们的面部，保持与服饰色调相协调，唇色可适当选用略艳丽的色彩。

4. 化妆程序可根据需要灵活多变。

培训单元 2　日妆用品、用具

了解化妆用品、用具的种类与作用。

能选择日妆用品、用具。

一、化妆用品、用具的种类与作用

1. 化妆用品的种类与作用

（1）修颜液。修颜液（见图 3–48）也称妆前乳或隔离乳，在打粉底前使用，为半流动液体状，用于矫正肤色。紫色修颜液可调整黯黄肤色；绿色修颜液可调整泛红肤色；粉色修颜液可提亮肤色，使皮肤红润光彩；白色修颜液可提亮肤色，改善肤色不匀现象。使用时，将修颜液均匀点在全脸皮肤上，用指腹推抹匀开即可。

图 3–48　修颜液

（2）粉底。粉底是具有调整肤色、遮盖瑕疵、改变肤质等功能的修饰类化妆品，使用后，肤色会显得均匀、健康，肤质会显得光滑、细腻。常用粉底色有象牙白色、瓷粉色、浅米色、自然色、米棕色、小麦色等。常见的粉底类产品见表 3–1。

表 3–1　常见的粉底类产品

产品名称	产品特点与作用	使用方法	适用范围
粉底液	半流动液体状，油脂含量较少，便于涂抹，但遮盖力较弱，效果真实自然	● 将粉底液均匀点于全脸皮肤，用指腹推揉抹匀 ● 将粉底液均匀点于全脸皮肤，用打底海绵将粉底抹匀 ● 用粉底刷蘸取粉底液，涂刷于面部皮肤	适用于各类皮肤，尤其是油性皮肤 适合夏季使用 适用于生活淡妆 适合肤质较好的人使用
粉底霜	霜体，较浓稠，油脂及粉质含量较高，遮盖力优于粉底液，黏附性及延展性较好	使用方法同粉底液	适用于各类皮肤，尤其是中性皮肤、干性皮肤 适合冬季使用

续表

产品名称	产品特点与作用	使用方法	适用范围
粉底膏 粉条	固体状，油脂及粉质含量高，粉底膏和粉条的遮盖力是最强的，但因含水量较少，容易引起皮肤干燥起皮，因此使用前需用滋润的乳液或面霜打底	粉底膏：用潮湿的打底海绵蘸取粉底膏涂于面部皮肤 粉条：用潮湿的打底海绵蘸取粉条涂于面部皮肤；或将粉条涂于面部皮肤，并用打底海绵抹匀	适用于浓妆 适用于有斑、痣、痤疮、红血丝等瑕疵的皮肤
遮瑕膏	固体状，质地同粉底膏。一盒中有多个颜色，以便修容及遮盖瑕疵	用遮瑕刷蘸取遮瑕膏点涂于皮肤需要修容的部位或有瑕疵的部位	适用于斑、痣、痤疮、红面丝等瑕疵的局部遮盖
粉饼	由多种粉体原料及黏合剂（油脂成分）胶合压缩成饼状，粉质含量较高，便于携带，可去除油光，不易脱妆 粉饼中有一种干湿两用粉饼	普通粉饼：用粉扑蘸取粉饼点按于面部皮肤 干湿两用粉饼：干用时，使用方法同普通粉饼的使用方法；湿用时，将粉扑弄潮湿后再蘸取粉饼点按于面部	适用于补妆 适用于中性皮肤、干性皮肤 适合夏季使用

（3）定妆粉。定妆粉（见图 3–49）也称蜜粉或散粉，为粉体原料配制而成，不含油分，粉质细腻光滑。定妆粉用于定妆，在粉底后使用，能消除因使用含油分多的粉底所引起的不自然的油光及黏腻感，使粉底不易脱妆，并起到遮盖皮肤瑕疵及调整肤色的作用。

定妆粉有两种使用方法：一种是用粉扑蘸取定妆粉，将粉揉均匀后点按于面部皮肤上；另一种是用大粉刷蘸取定妆粉，打圈涂于面部皮肤上。

图 3–49　定妆粉

（4）眉笔、眉粉。眉笔、眉粉都是用来修饰眉毛、画出眉形的化妆品，其产品介绍见表 3–2。

表 3–2　眉笔、眉粉产品

产品名称	产品特点与作用	使用方法	适用范围
鸭嘴状 眉笔	眉笔有纸卷笔芯式、木质铅笔式及旋转出芯式。眉笔笔芯偏硬，能够流畅地画出线条，不结团，不黏腻。常用眉笔颜色有浅棕色、深棕色、红棕色、灰色、黑色等	将眉笔削成扁扁的鸭嘴状，直接用于描绘眉毛	适用于眉形不佳或眉色较浅的人
眉粉	利用胶合压缩技术制成饼状，与粉饼质地相似。眉粉的修饰效果较自然，一盒眉粉中有两三种不同深浅的棕色或灰色	用眉粉刷蘸取眉粉，直接用于描绘眉毛	适用于眉形较好或皮肤容易出油的人

（5）眼影。眼影是涂抹于眼睑及眼角处，使其产生阴影和色调反差，以美化眼部的化妆品。眼影的颜色十分多样，包括蓝色、绿色、紫色、红色、橙色、黄色、棕色等有色彩系，以及黑色、白色、灰色的无色彩系。常见的眼影产品见表3–3。

表3–3 常见的眼影产品

产品名称	产品特点与作用	使用方法	适用范围
眼影粉	一般将各种色彩的眼影粉压制成块状放在一盒眼影盘中，也有单个色彩成盒的块状或粉状眼影粉。眼影粉着色颜料含量较高，粉质细腻，分为珠光眼影粉和亚光眼影粉	用眼影刷蘸眼影粉，刷于眼睑部位	适用于各类皮肤 适用于各种场合及各种妆面需求
眼影膏	眼影膏是颜料粉体均匀分散于油脂和蜡基的混合物，属于乳化体系的制品	用眼影棉棒或指腹蘸取眼影膏，将其晕染于眼睑部位	适用于干性皮肤 不适用于眼睑皮肤容易出油的人，容易脱妆

（6）眼线笔/眼线液笔/眼线膏。眼线笔/眼线液笔/眼线膏是用来改变眼形，使眼睛看上去大而有神的化妆品。眼线笔/眼线液笔/眼线膏可以根据不同妆型需要调整、改变眼睛形状，其产品介绍见表3–4。

表3–4 眼线笔/眼线液笔/眼线膏产品

产品名称	产品特点与作用	使用方法	适用范围
眼线笔	眼线笔有纸卷笔芯式、木质铅笔式及旋转出芯式。眼线笔笔芯一般偏硬，能够流畅地画出线条，深浅容易掌握，不结团，不黏腻；也有笔芯偏软的眼线笔，其着色力较强，但易脱妆 常用的眼线笔颜色有黑色、棕色，也有紫色、蓝色等眼线笔颜色，可根据不同的妆面需求进行选择	直接描绘于睫毛根部	适用于各类皮肤 适用于各种场合及各种妆面需求

续表

产品名称	产品特点与作用	使用方法	适用范围
眼线液笔	眼线液笔不同于普通眼线笔，它使用起来柔滑流畅，笔刷部位质地柔顺，上妆精准贴合，具有防水、不易脱妆、容易描画的特点，不损伤眼部皮肤，是现在比较流行的描绘眼线的化妆品 常用的眼线液笔颜色有黑色和棕色	直接描绘于睫毛根部	适用于各类皮肤 适用于各种场合及各种妆面需求
眼线膏	固体膏状，是色料、油脂和蜡基的混合物。眼线膏的表现力强，且其妆效比眼线液笔的妆效还要持久、自然，是最长效的眼线化妆品 常用眼线膏颜色有黑色和棕色	用眼线刷蘸取眼线膏，描绘于睫毛根部	适用于各类皮肤 适用于各种场合及各种妆面需求

（7）睫毛膏。睫毛膏（见图 3–50）是一种涂染于睫毛上，使睫毛显得浓密、纤长、卷翘，能美化眼部的化妆品。按功效分，睫毛膏可分为纤长型睫毛膏、浓密型睫毛膏、防水型睫毛膏等。常用的睫毛膏颜色为黑色，为适应不同的妆面需求，也有褐色、紫色、蓝色等颜色的彩色睫毛膏，另外还有无色睫毛膏。无色睫毛膏呈透明或半透明状，可以增加睫毛的光泽度。使用时，应从睫毛根部开始呈 Z 字形往上刷，并注重眼尾和眼头的睫毛修饰。

图 3–50　睫毛膏

（8）腮红。腮红又称胭脂，是用来涂敷于面颊部位，以呈现面部立体感及健康红润气色的化妆品。腮红的色系通常有红色系和橙色系。常见的腮红产品见表 3–5。

表 3–5 常见的腮红产品

产品名称	产品特点与作用	使用方法	适用范围
腮红粉（粉饼状）	常见的腮红粉为粉饼状，其将不同深浅的红色系或橙色系粉末压制成块状。还有一种为散粉状腮红粉。腮红粉的遮盖力比粉底弱，色调比粉底深，分为珠光腮红粉和亚光腮红粉	用腮红刷蘸取腮红粉，将其晕染于面颊部位	适用于各类皮肤 适用于各种场合及各种妆面需求
腮红膏	又称胭脂膏，色调明亮，疏水性强，类似于戏剧化妆时用的油彩。目前市面上还有一种慕斯状腮红膏，质地轻盈，妆感自然。腮红膏使用方便，延展性好	用指腹蘸取腮红膏，将其晕染于面颊部位	适用于干性皮肤 不适用于油性皮肤，易脱妆 油彩类腮红膏多用于浓妆

（9）唇线笔。唇线笔（见图 3–51）一般用来勾勒完美的唇形，修饰、改善唇形的细节，使唇形完美、清晰，并可防止口红外溢。唇线笔的颜色较为丰富，常用的有朱红色、玫红色、棕红色等。选择颜色时，可根据使用的唇膏 / 唇釉 / 唇彩颜色来选择颜色接近或深一号的唇线笔。使用时，沿着唇部的外轮廓直接描绘即可。

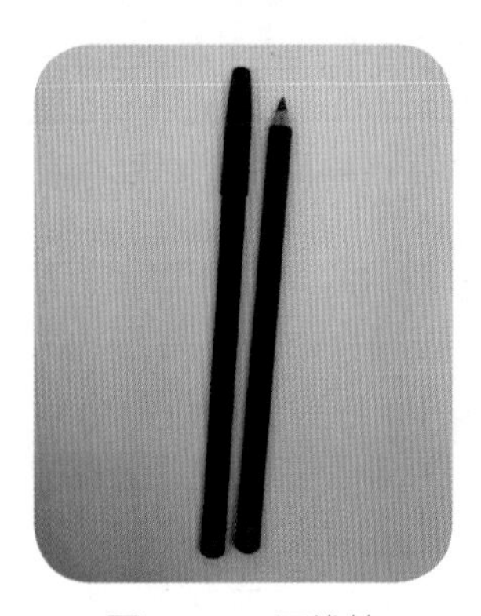

图 3–51 唇线笔

（10）唇膏 / 唇釉 / 唇彩。唇膏 / 唇釉 / 唇彩的色系主要有红色系、橙色系、紫色系等，为满足不同的妆面需求，也有蓝色、绿色、黑色等特殊颜色的唇膏 / 唇釉 / 唇彩。唇膏 / 唇釉 / 唇彩产品的相关介绍见表 3–6。

表 3–6　唇膏 / 唇釉 / 唇彩产品

产品名称	产品特点与作用	使用方法	适用范围
唇膏	唇膏是最常见的唇部化妆品，一般为固体，质地比唇釉和唇彩要干、硬。唇膏的主要成分是蜡（棕榈蜡、蜜蜡等）、油（矿物油、植物油等）、色素等。唇膏的色彩饱和度高，遮盖力强，能使人显得精致、精神，提升气色等。唇膏具有保湿、调色、美化和保护唇部的功能。唇膏有珠光质地、滋润质地及亚光质地之分	直接涂抹或用唇刷取色后涂抹	适用于各类皮肤 适用于各种场合及各种妆面需求 唇部太干时不建议使用
唇釉	唇釉属于唇部彩妆单品的一种，能够达到唇膏和唇彩无法展现的效果。唇釉将唇膏饱和的色彩和唇彩盈亮的质感合二为一。唇釉有珠光质地、滋润质地及亚光质地之分	用唇釉自带的刷子涂抹	适用于各类皮肤 适用于各种场合及各种妆面需求
唇彩	唇彩为黏稠的半流动液体状或薄膏状，富含各类高度滋润油脂和闪光因子，所含蜡质及色彩颜料少，晶亮剔透，滋润轻薄。唇彩通常在涂完唇膏后使用，也可单独使用，能使双唇润泽光彩、立体感强，同时达到滋润、保护双唇的作用。唇彩有透明水晶型、淡彩型、珠光型等	用唇刷取色后涂抹	适用于各类皮肤 适用于各种场合及各种妆面需求

2. 化妆用具的种类与作用

（1）专业化妆用具

1）专业化妆用具（除化妆刷）。专业化妆用具（除化妆刷）的作用、特点及使用方法见表3–7。

表3–7 专业化妆用具（除化妆刷）的作用、特点及使用方法

名称	图示	作用、特点	使用方法
修眉刀		修整眉形；刮除发际处多余的毛发 去除毛发快且边缘整齐，对皮肤刺激不大，但眉毛生长较快	左手撑开眉毛或发际周围的皮肤，使皮肤绷紧 右手持修眉刀，使修眉刀贴紧皮肤，与皮肤呈15°，刮除多余的毛发
眉镊		修整眉形，拔除多余的眉毛 能将毛发从毛囊内拔除，眉毛生长较缓慢	左手撑开眉毛周围的皮肤，使皮肤绷紧 右手持眉镊，顺着眉毛生长方向快速准确地将多余的眉毛拔除
眉剪		常用的眉剪呈弯头状，分大眉剪及小眉剪，可用于修剪杂乱及下垂的眉毛，修剪美目贴及假睫毛 一般采用特殊的不锈钢材质，不易生锈，经久耐用	左手用眉梳将眉毛梳起 右手用眉剪把超出眉梳部分的眉毛剪去，即可将眉形修剪整齐
化妆海绵		涂抹粉底用，以质地柔软、有弹性为佳 可使粉底涂抹均匀，并使粉底和皮肤紧密贴合 化妆海绵的形状多样，可根据个人使用习惯和喜好进行选择	将化妆海绵打湿并拧干（潮湿的化妆海绵会使粉底更服帖） 蘸粉底后，以按压、扭转及拉抹的方式将粉底涂敷于面部（不同部位采用不同的方法）

续表

名称	图示	作用、特点	使用方法
粉扑		涂拍定妆粉；固定于小指以防止妆面被蹭花	涂拍定妆粉：用粉扑蘸取定妆粉后，将其与固定于小指的粉扑相对揉搓，使定妆粉在粉扑上均匀分布，以按压的方式将定妆粉涂于面部进行定妆 防止妆面被蹭花：化妆时用小指勾住粉扑背面的带子或夹层，将粉扑用作衬垫 定妆用的粉扑及防止妆面被蹭花用的粉扑不宜用同一块，最好分开使用
美目贴		贴于眼睑处，以修饰眼形 有成卷的胶带状美目贴和已修剪成型的美目贴，有透明和半透明之分	确定需要修剪的形状 用眉镊将美目贴贴合于需要修饰的眼睑部位
睫毛夹		夹于睫毛部位，使睫毛卷曲上翘 睫毛夹的弧度以能较好地贴合眼睛的形状为宜；睫毛夹的上下咬合面不能有空隙，以确保每根睫毛都能够被夹到；睫毛夹中的胶条需要根据使用情况进行更换	将睫毛梳理整齐 至少分三段夹睫毛，即至少夹睫毛根部、睫毛中部、睫毛梢部这三个位置，使睫毛达到较好的卷曲效果 切忌夹到顾客的眼皮
假睫毛		增加睫毛的浓密度及长度，使眼睛看上去更有神采 一般有整条睫毛和睫毛束两种。整条睫毛呈完整的睫毛形状，用于整个眼部的修饰，使睫毛看起来浓密，适用于舞台和影楼拍摄；睫毛束适合日常生活中化妆使用，效果比较自然真实	使用整条睫毛时，需在使用前将整条睫毛的长度修剪至与眼形长度匹配；在整条睫毛棉梗的侧面涂上睫毛胶水，用镊子将整条睫毛紧贴于睫毛根部的位置，保持首尾与眼形首尾一致 使用睫毛束时，只需将睫毛束分段贴于睫毛根部即可 切忌不可将上、下睫毛黏合在一起

续表

名称	图示	作用、特点	使用方法
化妆套刷		见表3-8	见表3-8

2）化妆刷。在专业化妆用具中，化妆刷种类繁多，作用的部位各不相同，因此在这里做单独的介绍。

一般化妆刷的刷毛分为动物毛和合成纤维毛两种。理想的化妆刷刷毛有貂毛、山羊毛、马毛等，这类毛质地柔软耐用，抓粉力强，易上色，常用于眼影刷、修容刷、腮红刷、大粉刷的制作；合成纤维毛质地较硬，常用于眼线刷、唇刷等。不同类型的化妆刷见表3-8。

表3-8　不同类型的化妆刷

名称	图示	作用、使用方法
大粉刷		化妆套刷中最大的粉刷，用来扫除定妆时多余的定妆粉
修容刷		修饰面部轮廓用的毛刷，可用于刷提亮色和阴影色，修容后可使脸部显得立体、柔和

续表

名称	图示	作用、使用方法
腮红刷		用于刷腮红。腮红刷和修容刷要分开使用，以免颜色混合，弄脏妆面
扇形刷		主要用于保持妆面洁净。例如，画眼影时有眼影粉掉落在下眼睑上，此时可用扇形刷轻轻掸扫干净
眼影刷		晕染眼影用的化妆刷，根据使用的不同部位及要求的不同眼妆效果，应选择不同大小的眼影刷 特大号眼影刷可作打底及晕染过渡使用，使用时需保持刷子干净，否则会弄脏妆面；大号眼影刷通常用于画浅色的眼影，适合较大面积晕染；中号眼影刷通常用于画较深色的眼影，适合较小面积晕染；小号眼影刷通常用于提亮和细小部位的重点色晕染，如眼影效果中最深部位的晕染 化妆时，最好准备多支眼影刷，按不同色系分开使用，以保证眼影颜色纯正
眼影棒	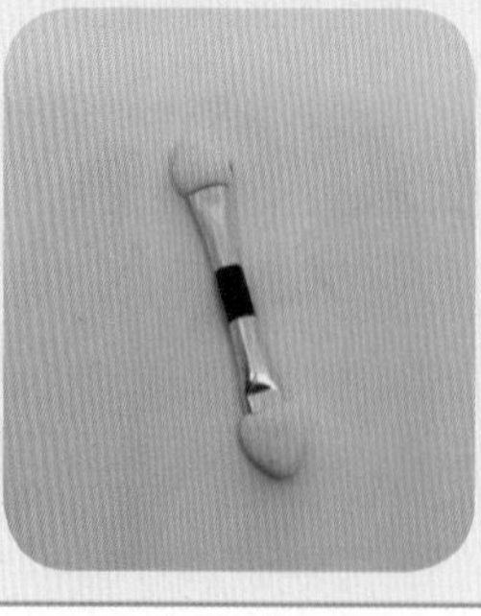	用于眼影的晕染。眼影棒两端为海绵头，可用于涂较粗颗粒质地的眼影粉

续表

名称	图示	作用、使用方法
斜面眉刷	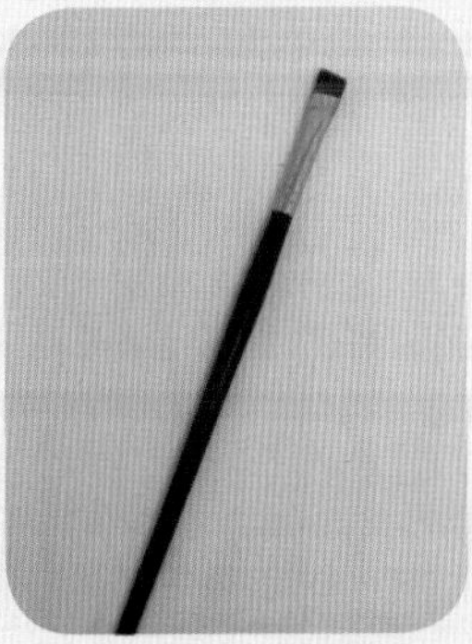	用于蘸眉粉，描画眉毛
眉梳	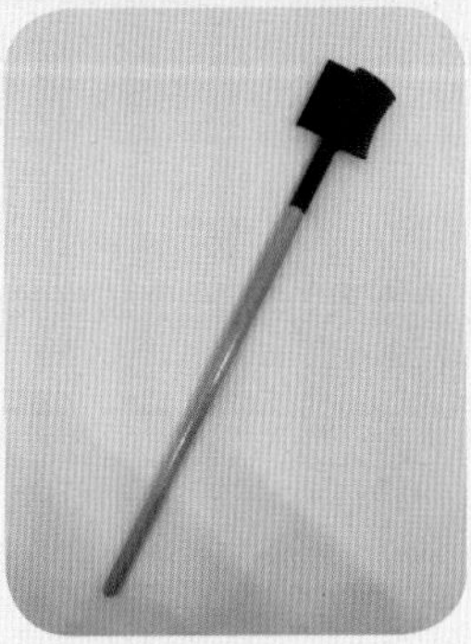	为小型特制梳子，用于整理眉毛。在眉形修剪时可作为辅助工具使用
唇刷	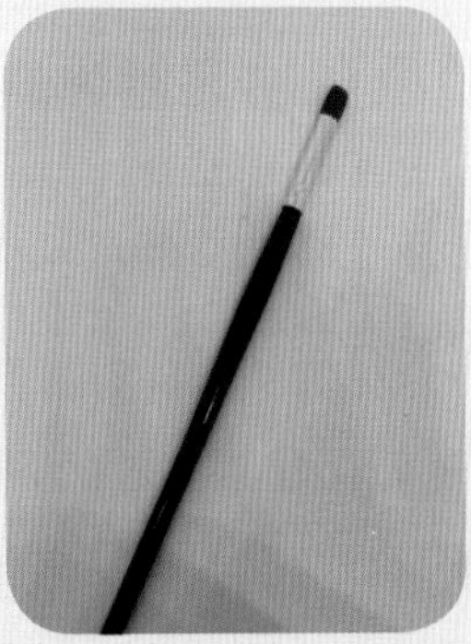	用于勾勒唇线，涂抹唇膏
遮瑕刷	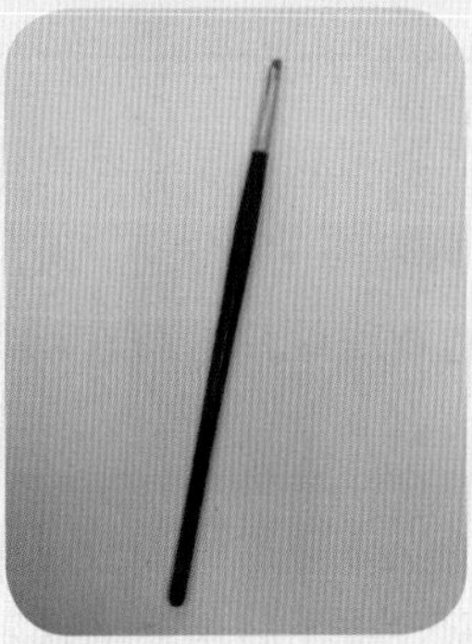	蘸粉底或遮瑕膏，用于遮盖面部细小部位的瑕疵，或眼袋、黑眼圈

续表

名称	图示	作用、使用方法
眼线刷		用于蘸眼线膏，描画眼线
螺旋刷		与睫毛刷形状一致，可用于梳理睫毛，或晕染用眉笔画眉时结块的部位

相关链接

化妆刷的清洁与保养

化妆刷使用时间久了，刷毛里会残留大量的化妆品，不仅会影响使用，使妆面效果大打折扣，而且容易滋生细菌。质地好的化妆刷使用起来柔软而易上色，能使妆面细腻而有质感，对皮肤没有刺激。用动物毛制作而成的化妆套刷价格不菲，清洁与保养时要特别注意，以延长其使用寿命。

在平时，每次使用完大粉刷、腮红刷和眼影刷后，可在纸巾上顺着刷毛的方向将多余的粉质擦去，也可用定妆粉进行适当“清洗”，因为定妆粉色浅，可弱化刷子上残留的颜色；每次使用完眉刷、眼线刷和唇刷后，应用纸巾将吸附在刷毛上的残留化妆品擦干净。

对化妆刷需定期进行彻底清洗，清洗频率可根据化妆刷的用途和材质决定。例如，对于刷含油量高的化妆品的化妆刷，清洗频率要高些；对于刷纯粉质的化妆品的化妆刷，清洗频率可低些。

正确清洗化妆刷的步骤如下。

● 将专业的洗刷水倒于玻璃杯或其他容器内，取用量以能完全覆盖刷毛为宜（如果身边没有专业的洗刷水，可用温和的稀释后的洗发液代替）。

● 把刷毛部位浸在洗刷水中，使刷毛充分浸透，然后在洗刷水中轻轻荡涤，必要时可用手指轻轻按压刷毛，以彻底去除刷毛内残留的化妆品。如果刷毛过脏，可用相同的方法重复清洗，直至刷毛洗干净为止。

● 用上述方法清洁后，用清水将刷毛冲洗干净。

● 将洗净的刷毛上多余的水轻轻捏去，用湿巾尽量将多余的水吸干。

● 将刷毛整理成原有的形状，套上专用刷网或用纸巾包裹起来，放在阴凉通风处风干。千万不可将化妆刷放在阳光下晒干或用吹风机吹干，否则会损坏刷毛。

（2）清洁用具。清洁用具的种类与作用见表 3-9。

表 3-9　清洁用具的种类与作用

名称	图示	作用
酒精清毒棉片	Alcohol Pad 70% Isopropyl Alcohol For Disinfection Use	用于手部及金属工具的清洁与消毒
棉签		用于清理局部污渍及眼部卸妆
棉片		用于妆前护理及卸妆

续表

名称	图示	作用
纸巾		用于清洁局部或维持妆面，也可根据需要用于清洁化妆用品、用具
湿纸巾		用于清洁化妆用品、用具，必要时可用于清洁美容师的双手，以保持双手干净，避免弄脏已完成的妆面

（3）其他常备用具。其他常备用具的种类与作用见表 3-10。

表 3-10　其他常备用具的种类与作用

名称	图示	作用
化妆头巾		用于化妆时保护头发，防止头发散乱，影响化妆
毛巾	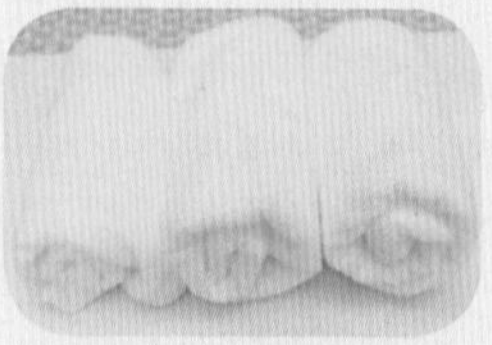	用于化妆时保护顾客衣物
发夹	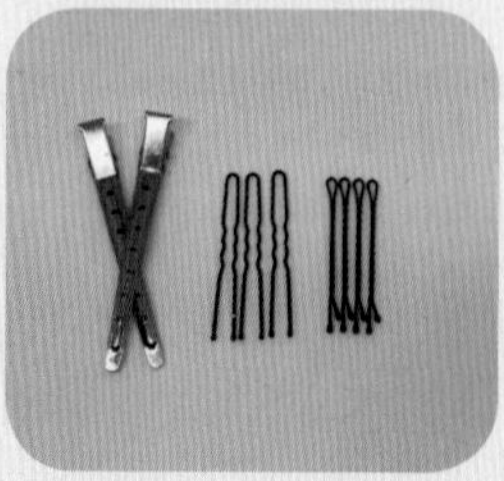	用于固定额前或面颊两旁的散乱头发

续表

名称	图示	作用
美工刀和卷笔刀		用于削眉笔、眼线笔及唇线笔
小镜子		用于给顾客拿在手中观察化妆效果
化妆箱和化妆包		用于携带化妆用品、用具。化妆箱和化妆包有大小、材质、款式之分，可根据需要和个人喜好选择

相关链接

化妆镜台

化妆除需专业化妆用品、用具外，还需要化妆镜台。因为斜上 45° 的光线是化妆照明的最佳光线，所以理想的化妆镜台上方应横向装有照明灯，且避免使用日光灯管，因为日光灯管的光线不柔和，会影响妆面效果。灯泡应环绕镜子的上方与左右两边，这样光照范围较广，能保证每个角度都有光线照射到顾客脸部，不产生阴影，光照效果会比较好。美容院的化妆镜台一般会根据需求进行定制。

二、日妆用品、用具选择

在化日妆前，应将日妆用品、用具整齐地摆放在桌面上，以方便操作时取用。在化日妆的过程中，操作程序不同，要使用的日妆用品、用具也不同。不同操作程序的日妆用品、用具选择见表 3–11。

表 3–11　不同操作程序的日妆用品、用具选择

操作程序	用品选择	用具选择
准备	—	毛巾、化妆头巾、发夹、酒精消毒棉片
修眉	—	修眉刀、眉剪、眉镊、眉梳、纸巾
面部清洁	选择易于清洗的卸妆液	棉片
	选择易于清洗的非起泡型洁面乳	棉片或湿纸巾
润肤	选择化妆水。为避免脱妆，尽量不要选择滋养型化妆水，可选择收敛型化妆水，若顾客皮肤较干或年龄较大，则可选择补水型化妆水	棉片
	选择润肤乳。为避免晕妆及打粉底时出现打滑现象，应尽量选择含水分较多的润肤乳，而非含油分较多的润肤霜	
修颜	选择修颜液。根据顾客肤色，在紫色、绿色、粉色、白色等修颜液中选择合适的产品	—
涂粉底	选择粉底类产品，如粉底液、粉底霜、粉底膏、粉饼等，要求粉质细腻，附着力强，易于涂抹，能适当遮盖瑕疵。日妆要求自然效果，可选择含水分较多、保湿效果较好的粉底液。对于干性皮肤，可选择粉底霜；对于油性皮肤，可选择轻薄型的粉底液或粉饼 可多备几个色号，以便应对不同肤色的顾客。一般选择与顾客肤色接近或较顾客肤色亮一号的粉底液。粉底液的颜色与顾客肤色反差不可过大，否则使用后会使皮肤显得灰暗、不亮泽	化妆海绵
定妆	选择定妆粉。要求粉质细腻、轻薄、透明。可多备几个色号，以便应对不同肤色的顾客。定妆粉的色号以接近粉底色为宜，或选择适合各种肤色的透明定妆粉或自然色定妆粉	大粉刷、粉扑

续表

操作程序	用品选择	用具选择
画眉	选择眉笔、眉粉。准备浅棕色、深棕色等颜色的眉笔或眉粉，根据顾客的肤色、发色等确定最终用色，不宜选用偏红的棕色，以免效果失真 眉笔需削成鸭嘴状，以方便描画	斜面眉刷、螺旋刷、遮瑕刷、美工刀
眼影晕染	选择眼影粉。准备各种颜色的眼影粉，根据顾客的服装、肤色等确定最终用色。要选择质地细腻、色泽纯正的眼影粉	眼影刷、眼影棒
眼线描画	选择黑色眼线笔或眼线液笔，也可根据顾客特点及妆面效果选择褐色眼线笔或眼线液笔。眼线笔宜选择软硬适中的，太硬的会划伤皮肤，太软的容易晕妆 纸卷笔芯式及木质铅笔式眼线笔需削成鸭嘴状，方便、耐用且不易划伤皮肤；旋转出芯式眼线笔必要时可用卷笔刀削尖笔尖	美工刀 / 卷笔刀
刷睫毛膏	选择黑色睫毛膏。可根据顾客睫毛的长短和妆面需求选择纤长型或浓密型睫毛膏 刷睫毛膏之前需先将睫毛夹卷翘	睫毛夹
涂腮红	选择腮红。根据顾客的服装及整体妆面色调选择合适的腮红颜色，且腮红色需与眼影色、唇色协调	腮红刷
画唇	选择唇线笔，以及唇膏 / 唇釉 / 唇彩。唇线笔颜色要接近或略深于唇膏 / 唇釉 / 唇彩颜色。根据顾客的服装及妆面效果选择唇膏 / 唇釉 / 唇彩颜色 唇线笔较软，不宜削扁，可用卷笔刀将唇线笔削尖	唇刷、棉签、卷笔刀
整体妆面衔接、修整	选择粉底和定妆粉。为使颈部肤色与脸部妆色自然衔接，需选择颜色与面部粉底色接近或较其深一号的粉底和透明定妆粉	化妆海绵、大粉刷、粉扑

培训单元 3　化基面妆和基点妆

能化基面妆。

能化基点妆。

知识要求

化妆是一门综合性艺术，化日妆的主要目的是弥补人面部的不足，美化人的容颜，提升人的外部形象。

为顾客化日妆时，要根据其面部特点，考虑其职业、身份、年龄、喜好等一系列因素，把握分寸，力求体现顾客的个性、气质，展现良好的精神面貌。一般化日妆时，用色要简单，要注意眼睛、眉毛、嘴唇和腮红之间的色彩秩序，做到有主有次、重点突出。具体的操作步骤可根据具体情况而定，可繁可简。

一、基面妆

基面妆是面部化妆的基础，是指对整个面部进行修饰化妆。

化基面妆的操作程序为：修眉—面部清洁—润肤—修颜—涂粉底—定妆。

1. 修眉

修眉是根据顾客自身的眉形，结合其五官特点进行的眉形修饰。日妆中，眉形不宜夸张，应粗细适中。修眉是化日妆技能的重点练习项目。

好的眉形是画眉的关键。好看的眉毛会给人增添气质，干净整齐的眉毛使人看上去更精神。

2. 面部清洁

面部清洁可以清除皮肤表面的污垢、油脂等，以便使皮肤更好地吸收护肤品中的营养。

3. 润肤

为保证皮肤在化妆后能够保持润泽的状态，妆前润肤尤为重要。认真做好妆前润肤是化好妆的第一步，这样后续上妆才会更加自然，而且能保护皮肤尽量不受化妆品的侵害。

4. 修颜

应根据面部不同部位的不同需求选择合适的修颜液对肤色进行修正。若顾客两颊有红血丝，可选择绿色修颜液；若顾客皮肤泛黄，可选择紫色修颜液；若顾客皮肤白皙，可选择粉色修颜液；若顾客肤色较暗或肤色不均，可选择白色修颜液。在实际操作中，可同时使用多种颜色的修颜液，以达到修颜的目的。

5. 涂粉底

涂粉底可以改善肤色，使之均匀，并调整皮肤的质地，使皮肤看起来细腻、健康、有光泽，还可遮盖一些面部的瑕疵，如雀斑、粉刺等。

应根据顾客的肤色选择合适的粉底。化日妆时，一般选择与顾客肤色接近或较之亮一号的粉底色，以改善气色。若顾客皮肤较白且毫无血色，可选择偏粉色的粉底液。粉底的颜色与顾客的肤色相差不宜过大，否则会显得不自然。

6. 定妆

定妆粉可起到固定妆容的作用，使妆效持久，不宜脱妆，也可压住泛油的肤质，使皮肤看上去清透、自然、不油腻。

日妆中可选择透明定妆粉，如有特殊要求的，可选择带颜色的定妆粉或珠光质地的定妆粉。

相关链接

脸　　形

给顾客化妆前，要客观准确地分析顾客的脸形特点，采取合理的化妆手法为其扬长避短。常见脸形如下。

1. 椭圆形脸

椭圆形脸俗称鹅蛋形脸，是最理想的脸形，也是美容师用来做脸部矫正化妆的标准，如图 3–52 所示。椭圆形脸的脸长与脸宽之比约为 4 ∶ 3。

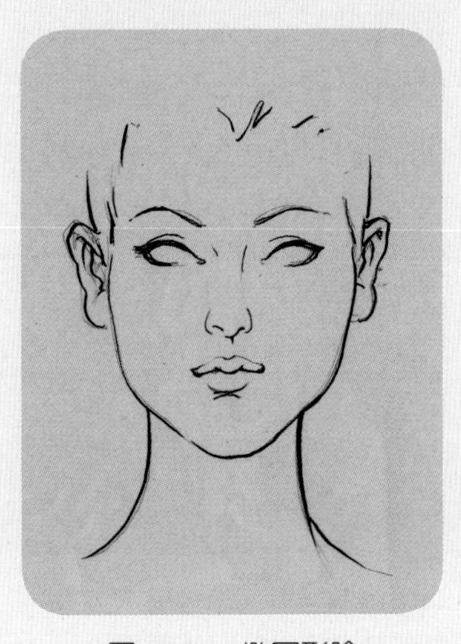

图 3–52　椭圆形脸

2. 圆形脸

圆形脸面部肌肉饱满，呈满月状，较椭圆形脸宽，下巴、前额轮廓线呈圆形，如图 3–53 所示。

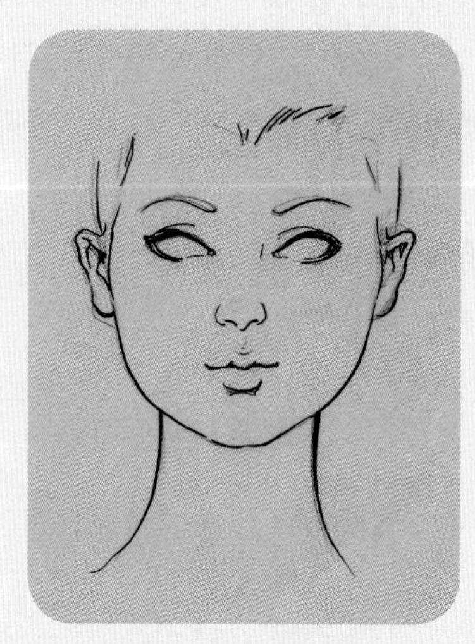

图 3–53　圆形脸

3. 方形脸

方形脸前额与下颌较宽，且呈等宽状，额线呈方形，整体有刚硬感，柔美不足，如图 3–54 所示。

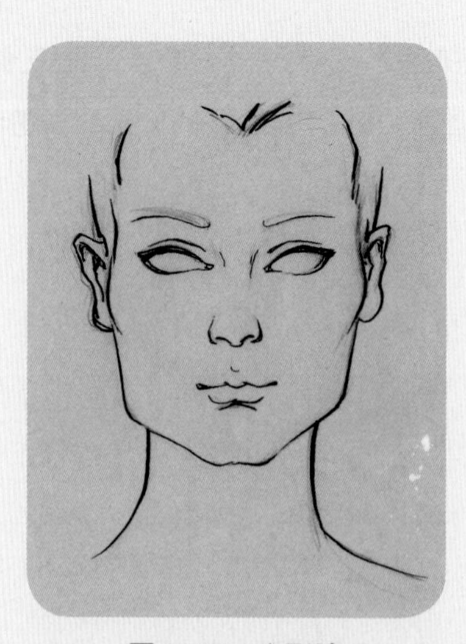

图 3–54　方形脸

4. 三角形脸

三角形脸前额窄，下颌较宽，呈上窄下宽状，给人以憨厚可爱之感，但缺乏生动感，如图 3-55 所示。

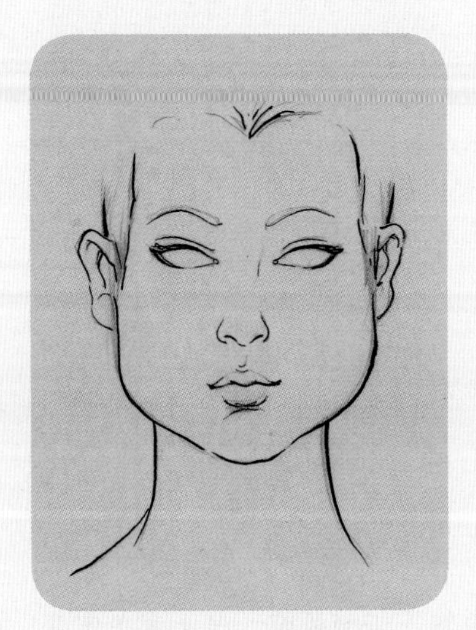

图 3-55 三角形脸

5. 菱形脸

菱形脸前额与下颌窄，颧骨突出，呈上下窄、中间宽状，缺乏亲切、可爱感，如图 3-56 所示。

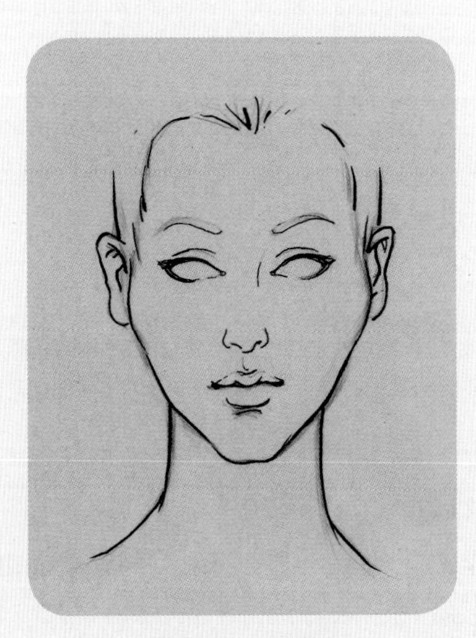

图 3-56 菱形脸

6. 长形脸

长形脸的脸长与脸宽比例过大，两侧较窄，呈上下长、中间窄状，缺乏生气及柔和感，如图 3-57 所示。

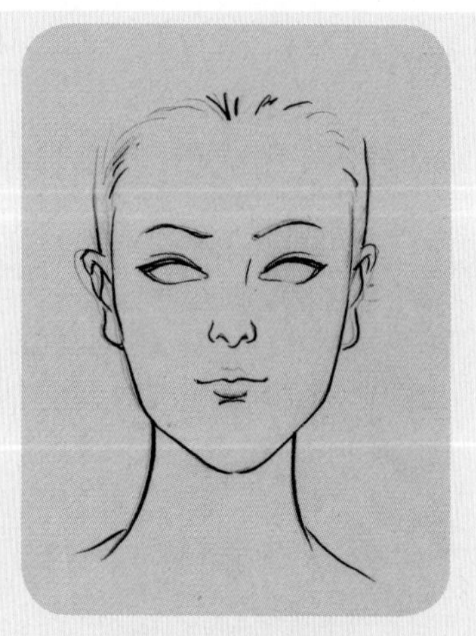

图 3-57　长形脸

7. 倒三角形脸

倒三角形脸前额较宽，下颌较窄，呈上宽下窄状，如图 3-58 所示。

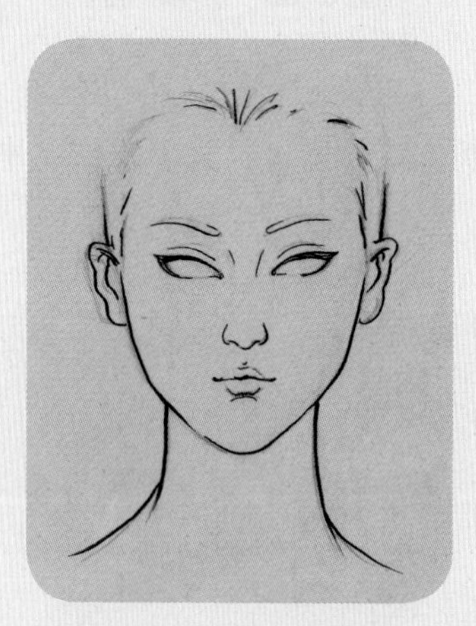

图 3-58　倒三角形脸

二、基点妆

基点妆是指对五官及局部进行修饰化妆。

化基点妆的操作程序为：画眉—眼影晕染—眼线描画—刷睫毛膏—涂腮红—画唇—整体妆面衔接、修整。

1. 画眉

眉毛是面部非常重要的部位之一，不同的眉形往往会给人不同的个性印象。画眉是化日妆的重点，可综合或单独运用眉粉、眉笔来描绘眉形，最后用眉刷晕开。眉形应自然流畅，眉色多选择灰色或棕色，浓淡应适度。

（1）标准眉形。眉毛由眉头、眉峰和眉尾三部分相连组成。标准眉形如图 3–59 所示，特点如下：

1）眉头在鼻翼、内眼角连线的延长线上，三点呈一直线。

2）眉峰是眉毛的最高点，位于眉头至眉尾的 2/3 处，即眼睛平视前方时，眉峰在眼珠外侧的垂直延长线上。

3）眉尾在鼻翼、外眼角连线的延长线上。

4）眉尾与眉头基本在同一水平线上，眉尾也可略高于眉头。

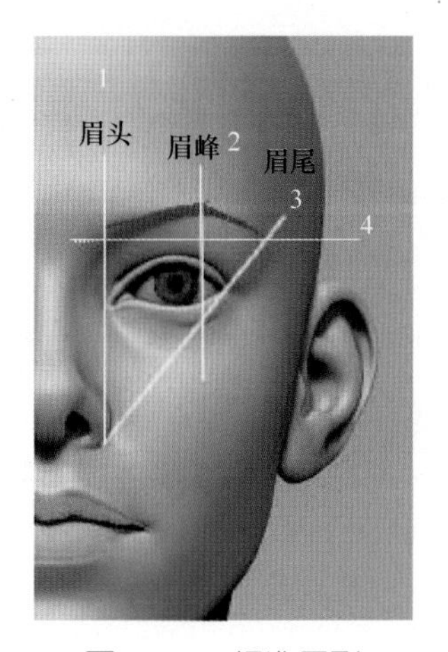

图 3–59 标准眉形

（2）常用眉形。常用眉形见表 3–12。

表 3–12 常用眉形

眉形	图示	特点
自然眉		从眉头到眉尾呈现缓和的自然弧度，显得自然、大方
一字眉		呈水平的直线，有的粗而短，有的粗而长，显得青春、可爱
弧形眉		眉峰弯曲柔和，能体现女性的优雅、温和、柔顺
挑 眉		眉头低，眉峰高挑、有棱角。眉峰挑起的程度不同，展示的气质也不同。自然挑起，显得精明、干练，充满智慧；高高挑起，显得冷艳、性感，适合欧式妆
大刀眉		眉头略细，眉峰粗，线条硬朗、刚毅，适合男士

2. 眼影晕染

在化日妆时，眼影色彩运用要柔和，色彩搭配要简洁。美容师可根据顾客眼形选择眼影色，为避免视觉上“加重”问题，对于肿眼泡或眼袋下垂者，眼影色忌用红色。美容师也可根据顾客的服饰颜色选择眼影色，即搭配使用同一色系，以保持整体协调。

眼影可强调眼部结构。对于眼形较好的顾客，可用单色眼影水平晕染，如图 3–60 所示。

图 3–60　单色眼影水平晕染

3. 眼线描画

眼线描画得当，能加强眼睛的神采，修饰眼形，使睫毛看起来更浓密，使眼睛更加迷人。

一般来说，靠近内眼角的睫毛稀疏，而靠近外眼角的睫毛浓密，且上睫毛较下睫毛浓密，眼线的画法也遵循这一自然规律。理想的眼线要画在睫毛根部，上、下睑缘处，由睫毛排列自然形成的弧线处；上、下眼线从内眼角至外眼角均由细到粗地变化，上眼线粗，下眼线细。为使描绘的眼线看上去自然，一般长度比例是上七下三，即上眼线画七分，下眼线画三分，而非画满整个眼眶。

睫毛浓密的人可不画眼线，睫毛条件差的人可选合适的眼线笔 / 眼线液笔 / 眼线膏描画眼线，然后进行适当晕染，从视觉上营造睫毛的浓密感和眼部的朦胧感。

化日妆时，上眼线要紧贴睫毛根部描画，不能拉得过长或挑得过高；下眼线可省略，如果需要描画也必须保持浅淡，一般只画从外眼角起的 1/3 部位或 1/2 部位，千万不可过黑、过粗。

4. 刷睫毛膏

刷睫毛膏能使睫毛看起来更浓密、更卷翘、更纤长，从而使眼睛显得更大、更有神。

对于睫毛条件好的人，可用无色睫毛膏刷一遍；对于睫毛条件差的人，可先用睫毛夹夹睫毛，使其更卷翘，再刷两三遍纤长型睫毛膏或浓密型睫毛膏，这可使眼睛显得更有魅力，增强眼睛的立体感。

在日妆中，睫毛膏不宜涂得过厚，更不宜粘贴假睫毛。

5. 涂腮红

腮红能使面部皮肤看起来健康红润，并能增强面部的立体感。在涂腮红时，腮红的色彩选择及用量很重要。日妆中，腮红色彩应与肤色协调，且最好与眼影、口红的色系相似；腮红用量宜少不宜多，刷子上的腮红要先在手背或面纸上拭去一些，以免蘸取的量过多，造成腮红过深或成块，显得面部呆板、不自然。若顾客面部皮肤健康红润，则可以不涂腮红。

常用的腮红画法有以下两种。

（1）传统画法。传统画法属于成熟修容画法，在操作时，用刷子将腮红由内向外扫在颧骨上，注意越接近耳朵处，颜色越深。这种画法能使脸部显得更为立体。

（2）流行画法。流行画法属于青春亮丽画法，在操作时，在苹果肌（即微笑时脸部最突起的两块组织处）打圈涂匀。此类型的腮红画法多用清新的亮色，如粉色系、橘色系。少量涂刷有自然清新的效果，多层叠刷或多层涂刷有甜美可爱的效果。

6. 画唇

嘴唇是面部最鲜艳的部位，与面部表情密切相关，具有特殊的表情功能。

嘴唇分为上唇和下唇。上唇上方有两个突起的峰，称为唇峰，唇峰的形状和位置会影响化妆中的唇形修饰；下唇略厚，下沿有明显的轮廓。

标准唇形的唇峰在鼻孔正中央的垂直线上，唇角在眼睛正视正前方时眼球内侧的垂直延长线上，下唇中心厚度是上唇中心厚度的两倍。

日妆中，唇部颜色不宜浓艳，应尽量接近原本的唇色，并与服装色、肤色相协调，与眼影色、腮红色保持同一色系，力求效果自然、红润、有质感。

对于唇形较好的顾客，可以不勾唇线，直接涂唇膏 / 唇釉 / 唇彩，不用特别强调轮廓。

相关链接

五官对称性

很多人的五官是不对称的，如人的左右眼、左右眉毛很少完全相同，只不过当我们看一个人的脸时，通常不会刻意去注意这些细微的差异。对于不够对称的五官，如能借助化妆技巧进行矫正，也会对容貌有所改善，因此在化妆时应尽量调整对称。

7. 整体妆面衔接、修整

为使整体妆容自然和谐，最后应在脖颈部位进行妆面衔接、修整，避免脖颈部位与脸部有明显色差。另外，应检查整体妆面色调是否统一协调，妆面是否干净整洁、左右对称，肤色是否均匀一致。

相关链接

化妆三要素

在整个面部化妆过程中，肤色、眼睛、嘴唇的修饰是重点。

肤色是化妆效果的重要影响因素。应选择真实、自然的粉底及修容色彩来表现面部结构关系的转折，帮助塑造面部立体效果。均匀健康的肤色利于表现个性与气质，为化完美的妆容打好基础。

眼睛是面部的核心，在整体形象中起主导作用。好看的眼睛使人看上去灵动，富有神采；反之，则会使人看上去无精打采。

嘴唇与面部表情密切相关。经过精心的修饰，唇轮廓会变得清晰、生动、自然。应正确选择唇部化妆品的色彩，使其与肤色、服装色彩及个性相协调，从而体现整体美。

技能要求

化 日 妆

操作步骤

步骤 1 准备

（1）将化妆用品、用具整齐摆放在化妆台上，以方便取用，如图 3–61 所示。

图 3–61 化妆品摆台

（2）请顾客就座，为方便美容师化妆，将顾客坐椅高度调整到合适的位置。

（3）打开化妆镜上的照明灯，如图 3–62 所示。

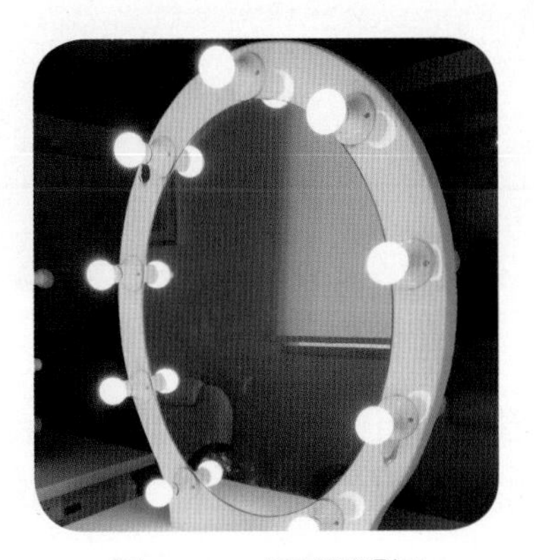

图 3–62 打开照明灯

（4）在顾客胸前围上一块毛巾，以保护顾客衣物，使其保持整洁；将顾客的刘海和两侧的头发用发夹或化妆头巾进行固定，以方便进行化妆操作，如图 3–63 所示。

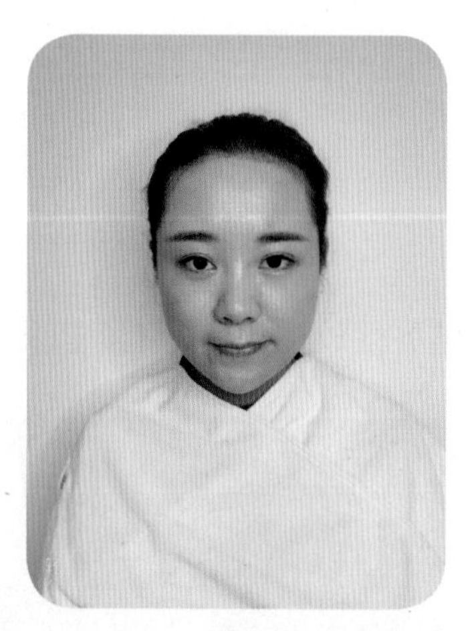

图 3–63　顾客妆前准备

（5）用酒精消毒棉片消毒金属工具，如修眉刀、眉剪等，最后消毒自己的双手。

步骤 2　修眉

（1）用修眉刀修眉。用食指和中指撑开眉弓处皮肤并固定，刮掉眉周多余的眉毛，修出眉形，如图 3–64 所示。

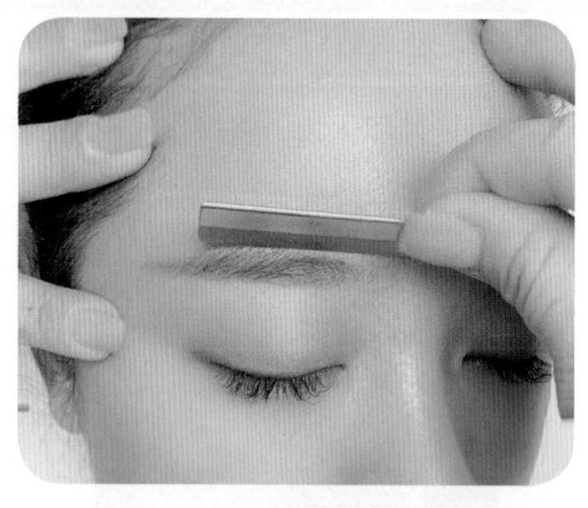

图 3–64　用修眉刀修眉

（2）用眉镊修眉。用眉镊修眉前，可适当热敷眉毛部位，使其毛孔打开，以便于拔眉毛。用食指、中指撑开眉毛上下部位，将需修眉部位的皮肤绷紧，顺着眉毛的生长方向快速地将多余的眉毛拔除，如图 3–65 所示。眉毛拔除后，可以在拔眉部位涂抹少许润肤乳，以舒缓皮肤，或用浸有收敛型化妆水的棉片冷敷一下。

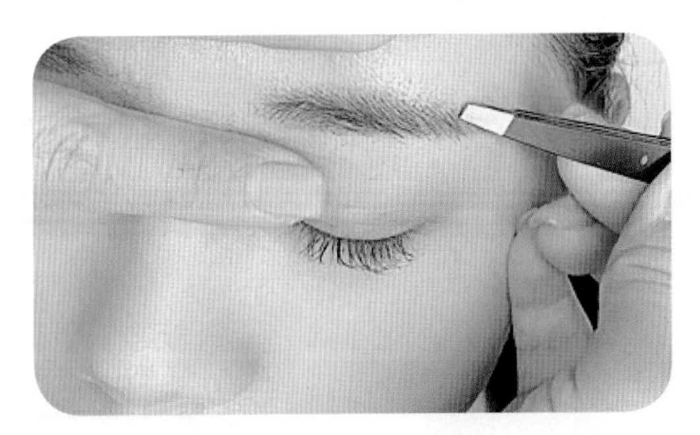

图 3-65　用眉镊修眉

（3）用眉剪修眉。用眉剪将眉形修整齐，如图 3-66 所示。初级美容师在刚开始操作练习时，可用眉梳将眉毛梳起，超出眉梳部分的眉毛用眉剪剪去。

图 3-66　用眉剪修眉

步骤 3　面部清洁

用湿棉片蘸卸妆液进行全脸卸妆，如图 3-67 所示；再用洁面乳清洁面部，并用湿棉片或湿纸巾将面部清洁干净，如图 3-68 所示。

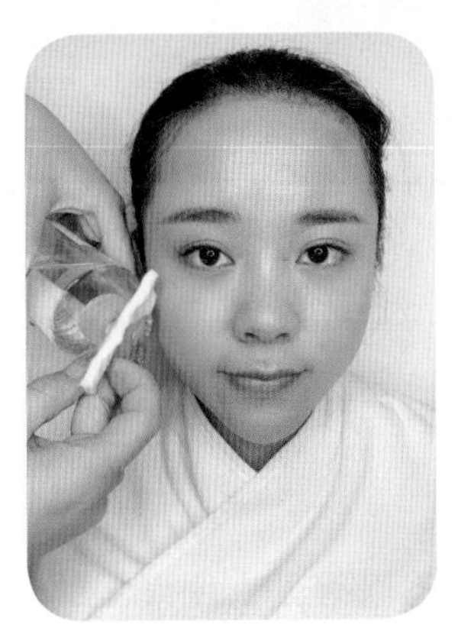

图 3-67　卸妆

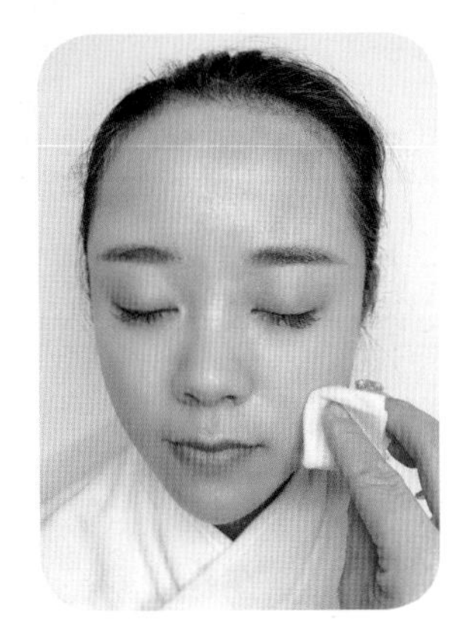

图 3-68　洁面

步骤 4　润肤

洁面后，一手遮挡顾客的双眼，另一手喷化妆水，并用轻拍的方法帮助皮肤吸收，如图 3–69 所示。待水分吸收后，涂润肤乳，并轻轻按摩至皮肤完全吸收，如图 3–70 所示。

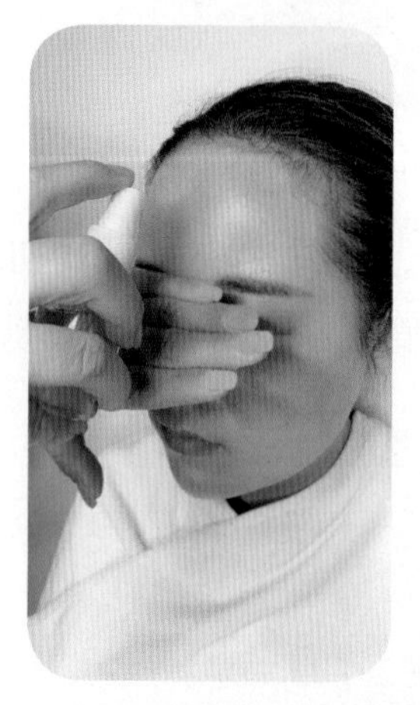

图 3–69　喷化妆水

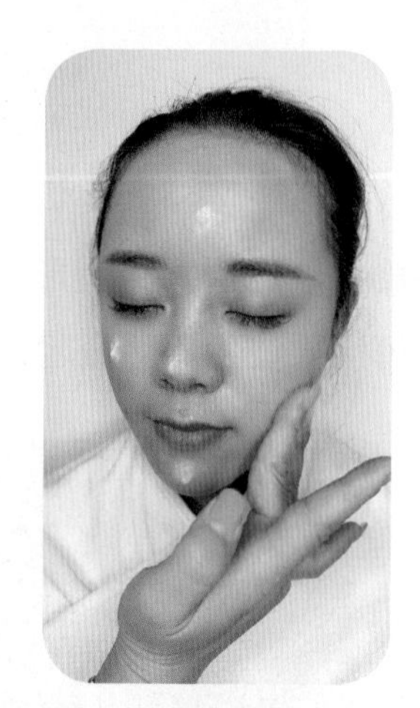

图 3–70　涂润肤乳

步骤 5　修颜

将修颜液分别点在额、鼻、两颊、下巴处，如图 3–71 所示，以轻拍、拉抹等方法将修颜液均匀涂抹于脸部。

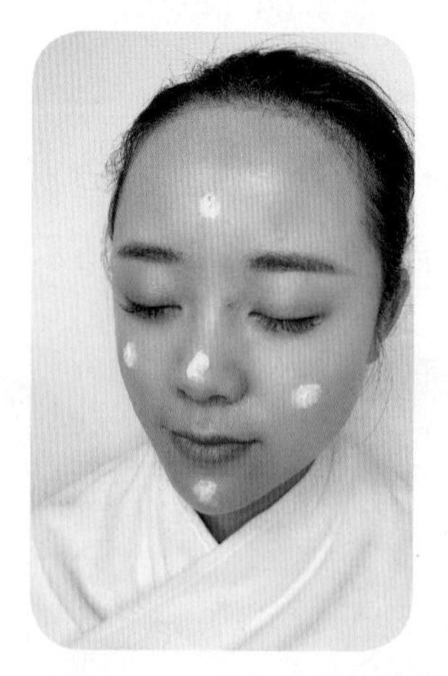

图 3–71　点涂修颜液

步骤 6　涂粉底

将粉底液分别均匀点在额、鼻、两颊、下巴等处，用潮湿的化妆海绵以点按、轻压等方式，或用指腹以点拍、拉抹等方式将粉底液均匀涂抹于全脸，如图 3–72

和图 3-73 所示。对于 T 区容易出油的部位，可用点按的方式涂抹。对于眼睑、鼻翼等有皮肤褶皱的部位，可用轻轻拉抹的方式将余粉抹去。粉底要求薄而均匀，能使皮肤透出自然光泽。对于瑕疵部位，无须进行过多修饰，以自然为主。若瑕疵较明显，必须要修饰，则在涂完粉底后用遮瑕膏稍加遮盖即可。涂抹粉底液的效果对比如图 3-74 所示。

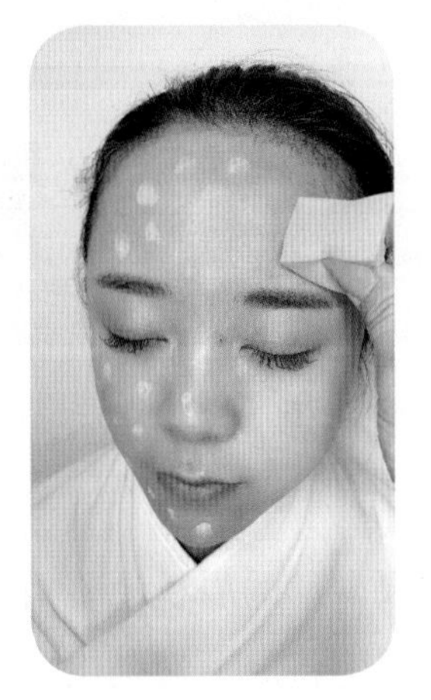

图 3-72　用潮湿的化妆海绵涂抹

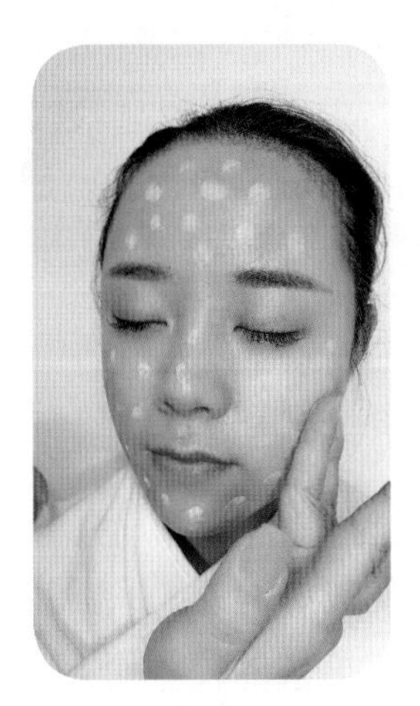

图 3-73　用指腹涂抹

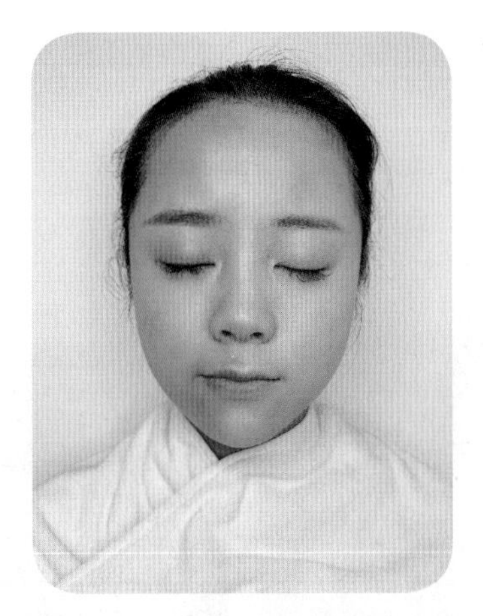

图 3-74　涂抹粉底液的效果对比

步骤 7　定妆

用大粉刷蘸取少量定妆粉，以打圈的方式将其涂于全脸，如图 3-75 所示；或用粉扑蘸取少量定妆粉，以按压的方式将其扑于全脸，如图 3-76 所示。若定妆粉取用量太大，则可将大粉刷放在粉扑上点按几下，以掸走多余的定妆粉；或将两块粉扑互相揉按，以减少粉扑上的定妆粉量，并使其分布均匀。对于 T 区容易出油的部位，需用粉扑将定妆粉按压紧实。定妆时，定妆粉要薄而均匀，不宜过厚。

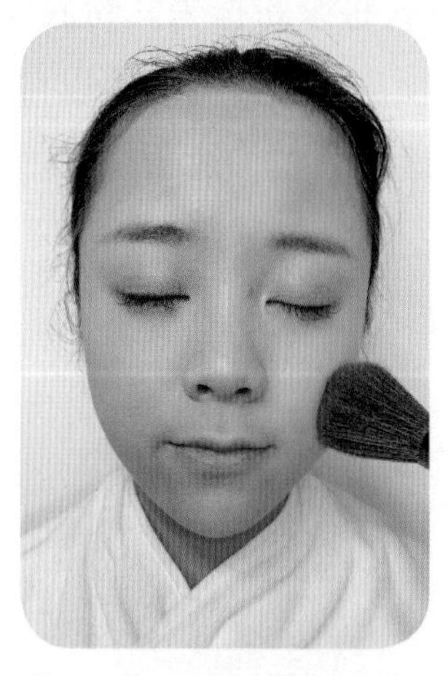

图 3–75　用大粉刷上定妆粉

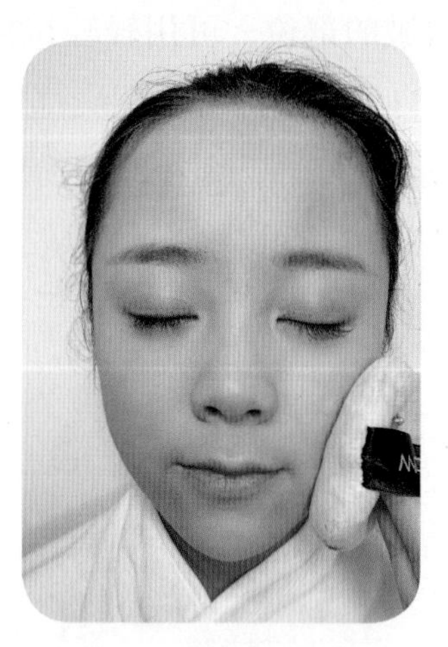

图 3–76　用粉扑上定妆粉

步骤 8　画眉

对于眉毛条件较好的人，只需用眉刷蘸取少量的眉粉顺着眉毛描画，使眉色均匀即可；对于眉毛条件较差的人，应先用眉笔将眉形勾勒出来，再用眉笔或眉粉描上颜色，如图 3–77 所示。

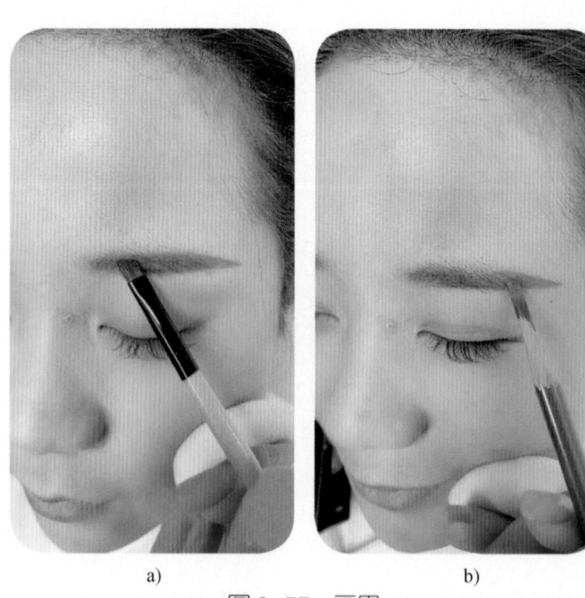

a)　　　　b)

图 3–77　画眉

a）用眉粉画眉　b）用眉笔画眉

步骤 9　眼影晕染

用眼影刷蘸取少量眼影，先在上眼睑眼尾区域做晕染，如图 3–78 所示，再从上眼睑外眼角睫毛根部向上并向内眼角方向轻轻晕染，越向上越淡，越向内越淡，直至颜色消失，色彩要呈现出由深到浅的渐变。眼影的最高位置为眼窝的上缘线。在眉骨（眉毛下缘）和内眼角处，可用白色或鹅黄色、浅杏色眼影提亮，使眼睛更具立体层次感。

对下眼睑进行眼影晕染时，范围宜小，以下眼睑外缘为主，眼影色彩晕染过渡要自然，如图 3–79 所示。

眼影晕染效果对比如图 3–80 所示。

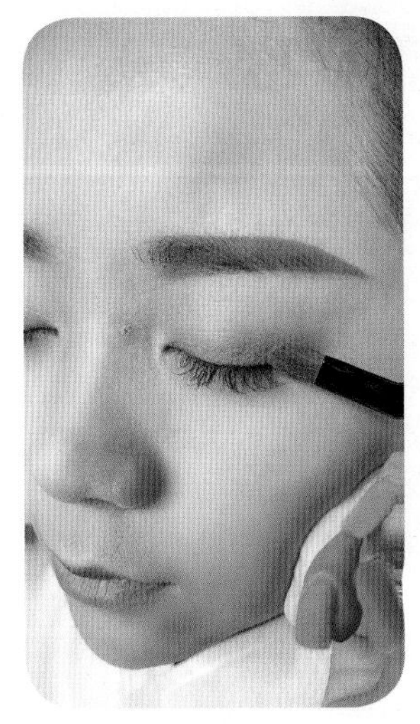

图 3–78　上眼睑眼尾眼影晕染

图 3–79　下眼睑眼影晕染

图 3–80　眼影晕染效果对比

步骤 10　眼线描画

请顾客闭上眼睛，用左手手指提起上眼睑部位，绷紧眼部皮肤，以便于描画眼线。眼线需紧贴睫毛根部描画，先细细描绘，再根据顾客眼形进行调整；眼尾处描画时略微向上扬起，可使眼睛看上去有神；眼线从内眼角向外应呈现由细到粗的变化，眼尾处收尾需细一些，使眼线看起来自然不生硬，如图 3–81 所示。眼线描画效果对比如图 3–82 所示。

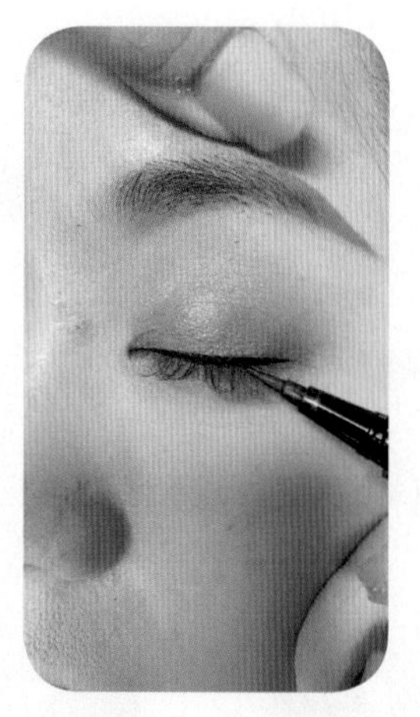

图 3–81　眼线描画

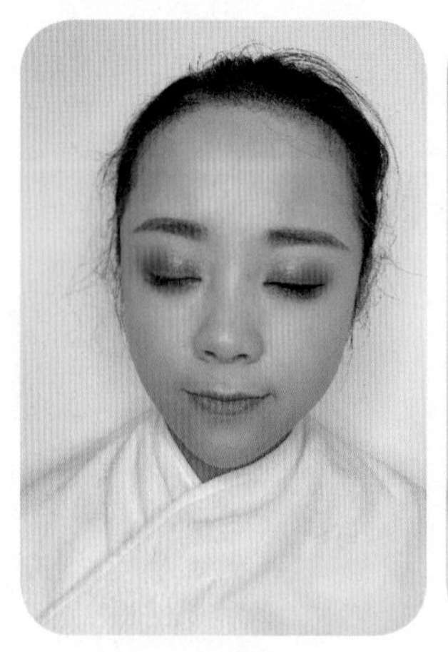

图 3–82　眼线描画效果对比

步骤 11　刷睫毛膏

请顾客将眼睛向下看，然后用睫毛夹夹卷顾客的睫毛，如图 3–83 所示。刷睫毛膏前，让顾客保持眼睛向下看，左手提起顾客上眼睑皮肤，或用小指垫在顾客睫毛上方，以防睫毛膏粘到眼睑上，破坏妆面。刷睫毛膏时，从睫毛根部开始顺着睫毛生长方向刷第一遍，等睫毛膏稍干一些后，再刷第二遍。若需刷下睫毛，应让顾客向上看。刷睫毛膏如图 3-84 所示。

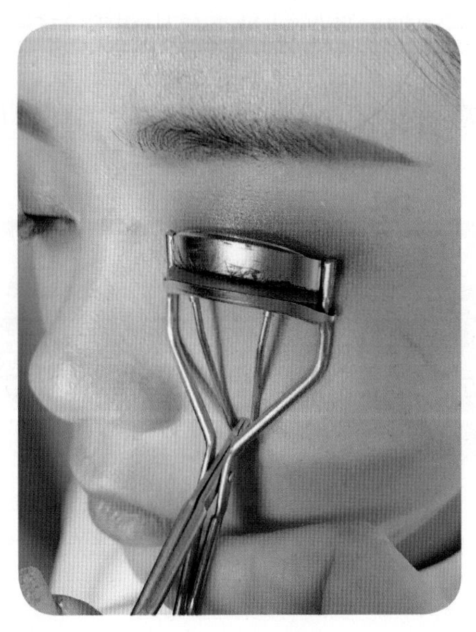

图 3-83　夹睫毛

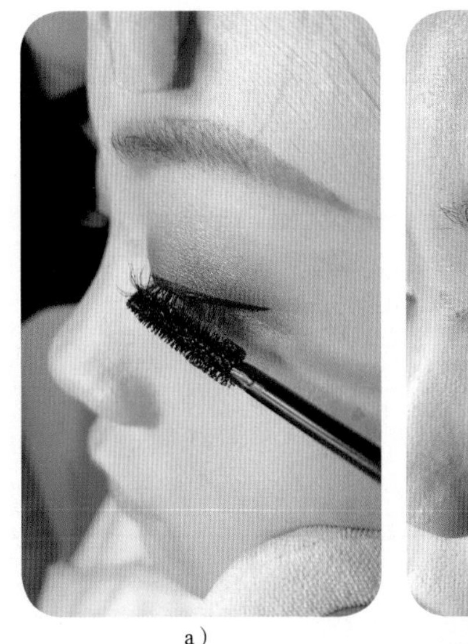

a）

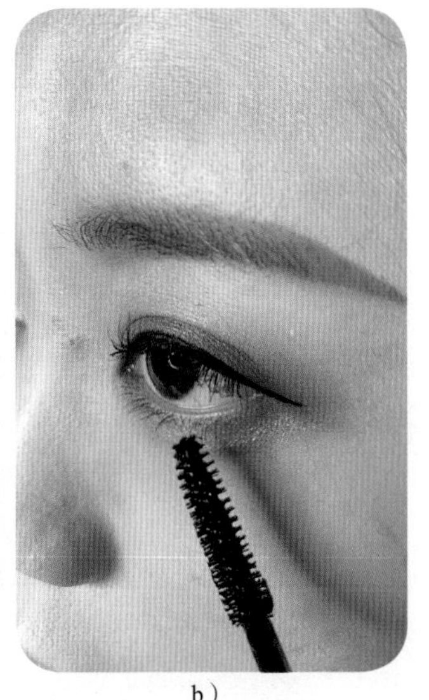

b）

图 3-84　刷睫毛膏

a）刷上睫毛　b）刷下睫毛

步骤 12　涂腮红

用腮红刷蘸少量浅粉色腮红，先在手背或面纸上拭去一些，以免蘸取的量过多，造成腮红过深或成块。根据顾客脸形，将腮红均匀扫在颧弓后缘或颧骨部位，一般向下不超过鼻底，向前不超过外眼角的垂直延长线（不包括晕染过渡部分），距离眼裂有一指距离，如图 3–85 所示。扫上腮红后，再压少许定妆粉，使红润感更自然，像是从皮肤里透出的。涂腮红效果对比如图 3–86 所示。

图 3–85 涂腮红

图 3–86 涂腮红效果对比

步骤 13 画唇

用唇刷蘸唇膏勾出轮廓，再填充整个唇部，如图 3–87 所示。涂唇膏后，用纸巾将唇部过亮的油彩吸掉，使嘴唇显得健康而自然。画唇效果对比如图 3–88 所示。

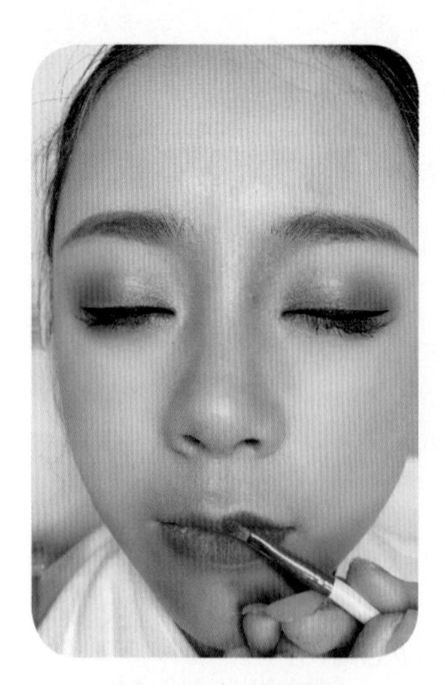
图 3–87 涂唇膏

图 3–88 画唇效果对比

步骤 14 整体妆面衔接、修整

用打底化妆海绵蘸取颜色与粉底色接近或较之深一号的粉底液，将其轻轻涂抹于脖颈部位，再用大粉刷或粉扑蘸定妆粉进行定妆。

将顾客胸前的毛巾或围布取走，取下固定头发的发夹或化妆头巾。在自然光线下检查、整理发型，特别是额前碎发，同时注意配饰、着装、发型等的修整。日妆整体造型前后对比如图 3–89 所示。

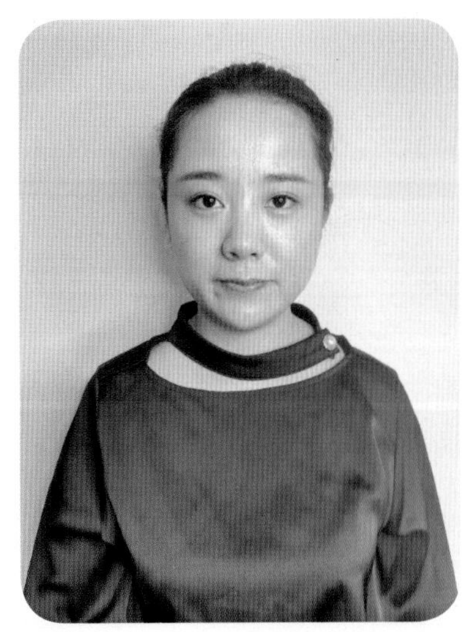

图 3–89　日妆整体造型前后对比

注意事项

1. 喷化妆水时，一定要用手遮挡顾客眼睛，以免刺激顾客眼睛。

2. 画眉时，注意使眉色深浅过渡柔和，眉头不宜画得太实，整体应该呈现“两头浅、中间深”“上面浅、下面深”的效果，并且要有毛发的虚实感。

3. 刷下睫毛时，睫毛膏量要少，手要轻。

4. 涂腮红时，腮红刷要轻扫，使腮红颜色清淡，没有边缘线，呈现似有似无的自然红晕感。

思考题

1. 什么是日妆？

2. 化妆用品、用具有哪些？

3. 怎么选择日妆用品、用具？

4. 标准眉形的要求是什么？

5. 如何修正肤色？